高等职业教育系列教材

焊 接 导 论

主　编　周慧琳　于汇泳
副主编　吴金杰　公永建
参　编　文秀海　陈　莉　邢　勇　赵之贞（企业）

机械工业出版社

本书是根据教职成［2011］12号文件《教育部关于推进高等职业教育改革创新引领职业教育科学发展的若干意见》的精神，深化焊接技术及自动化专业课程改革，借鉴和整合国际职业教育优质教学资源，创新教材编写形式，并结合编者在教学和实际工作中的经验编写而成的。全书共分9个教学单元，包括焊接及其发展、电弧焊基本知识、常用焊接设备及弧焊电源、焊接材料、焊接方法及工艺、焊接结构、常见焊接缺陷及焊接质量检测、焊接生产中的劳动保护与安全技术、专业学习指南内容。

　　本书内容通俗易懂、简洁实用，既考虑了内容的广度，又特别注重内容的通俗性和实用性，力求满足不同层次读者的需求，使各个层次的读者均能达到学习的目的。

　　本书可作为高职高专院校、中等职业院校、成人高校、本科院校举办的二级职业技术学院等焊接专业的教材，也可用作相关专业从业人员的培训用书。

　　本书配套有电子课件，凡选用本书作为教材的教师，可登录机械工业教育服务网 www.cmpedu.com 注册后免费下载。咨询电话：010-88379375。

图书在版编目（CIP）数据

　　焊接导论/周慧琳，于汇泳主编. —北京：机械工业出版社，2013.8（2025.1重印）

　　高等职业教育系列教材

　　ISBN 978-7-111-42461-1

　　Ⅰ.①焊…　Ⅱ.①周…②于…　Ⅲ.①焊接-高等职业教育-教材　Ⅳ.①TG4

中国版本图书馆 CIP 数据核字（2013）第 181207 号

机械工业出版社（北京市百万庄大街 22 号　邮政编码 100037）
策划编辑：于奇慧　责任编辑：于奇慧　韩旭东
版式设计：常天培　责任校对：任秀丽
责任印制：邸　敏
北京中科印刷有限公司印刷
2025 年 1 月第 1 版·第 8 次印刷
184mm×260mm·11 印张·270 千字
标准书号：ISBN 978-7-111-42461-1
定价：29.00 元

电话服务　　　　　　　　网络服务
客服电话：010-88361066　机　工　官　网：www.cmpbook.com
　　　　　010-88379833　机　工　官　博：weibo.com/cmp1952
　　　　　010-68326294　金　书　网：www.golden-book.com
封底无防伪标均为盗版　机工教育服务网：www.cmpedu.com

前　言

本书是根据教职成［2011］12号文件《教育部关于推进高等职业教育改革创新引领职业教育科学发展的若干意见》的精神，深化焊接技术及自动化专业课程改革，在借鉴和整合国际职业教育优质教学资源，关注学生的学习兴趣和发展，促进学生转变学习方式，变被动为主动，创新教材编写形式的基础上编写的。

通过本书的学习，可使学生对焊接专业的学习内容、课程设置、学习方法和就业前景及领域等有较系统、清晰的认识，引导学生热爱焊接专业，激发学习兴趣，明确在一定阶段内专业学习的主要任务，提高学习的针对性和目的性，为今后的学习开创良好的开端。

作为焊接专业的入门教材，本书通俗易懂、简洁实用，既考虑了内容的广度，又特别注重内容的通俗性和实用性，力求满足不同层次读者的需求，使各个层次的读者均能达到学习的目的。

本书针对应用型人才的培养精选编写内容，主要编写特色如下：

1）本着"必需、够用、适用"的原则，内容突出全、精、简的特点，拓宽学生的知识面。

2）将理论与实践紧密结合，并融入行业、企业和职业等要素，体现出高职高专教育的职业性、实践性和开放性。

3）加入专业学习指南，力图起到导兴趣、导知识、导方法、导能力的作用，让学生明白焊接是什么、学焊接学什么、学了焊接能干什么、应怎样学好焊接等。

4）以应用为主，强化学生的职业素养与学习动力，充分调动学生的积极性。

5）坚持循序渐进的原则，遵循认知规律和职业成长规律，在纵向基于认知规律和基于工作过程序化应用性知识，在横向基于职业成长规律序化职业能力。

本书由河南机电高等专科学校周慧琳、于汇泳任主编，吴金杰、公永建任副主编。参与本书编写的还有新乡职业技术学院陈莉、河南机电高等专科学校文秀海、郑州职业技术学院邢勇、河南工神锅炉集团赵之贞等。其中，教学单元1、教学单元3（3.1）、教学单元8、教学单元9（9.1、9.2、9.3）由周慧琳负责编写；教学单元2、教学单元4、教学单元5（5.4的部分内容）由于汇泳负责编写；教学单元3（3.2、3.3、3.4）由文秀海负责编写；教学单元5（5.1、5.2、5.3、5.4的部分内容）由陈莉负责编写；教学单元6由吴金杰负责编写；教学单元7由公永建负责编写；教学单元9（9.4）由邢勇、赵之贞负责编写。全书由周慧琳负责统稿。

此外，在本书编写过程中，河南机电高等专科学校翟德梅教授，商丘职业技术学院王彦华，中信重型机械公司程涛、高建新、杨贺、李辉等，新乡市起重机厂有限公司王洪磊，中国化学工程第十四建设有限公司杨扬，河南天丰钢结构有限公司卫科等，都给予了大力的支持和帮助，在此一并深表谢意！

　　本书可作为高职高专院校、中等职业院校、成人高校、本科院校举办的二级职业技术学院等焊接专业的教材，也可用作相关专业从业人员的培训用书。

　　尽管我们在教材建设的特色方面做出了许多努力，但由于编者水平有限，书中不当之处在所难免，恳请各教学单位和读者及同行们多提宝贵意见，以便持续改进。

编　者

目 录

教学单元 1 焊接及其发展

【教学目标】
1）了解焊接的应用。
2）掌握焊接的特点及分类。
3）了解焊接的发展过程及发展趋势。

1.1 焊接的应用、特点及分类

焊接是通过加热或加压（或两者并用），用或者不用填充材料，使两个工件（同种或异种）达到原子间结合的一种连接方法。图 1-1 所示为焊条电弧焊，图 1-2 所示为摩擦焊。

图 1-1 焊条电弧焊

图 1-2 摩擦焊

1.1.1 焊接的应用

焊接作为一种特种机械连接技术，广泛应用于压力容器、石油管道、船舶、车辆、桥梁、飞机、火箭、起重机、化工设备、机器和工具等的加工制造。图 1-3 ~ 图 1-10 列举了需要焊接制造的部分产品。可以说，没有焊接技术，就没有现代制造业。几乎所有的产品，从几十万吨的巨轮到不足 1g 的微电子元件，在生产中都要不同程度地依赖焊接技术。在我国人类发展史上留下辉煌篇章的三峡水利工程、西气东输工程，以及"神舟"载人飞船工程，都需要焊接技术的支撑。以西气东输工程为例，全长约 4300km 的输气管道，焊接接头的数量高达 35 万之巨，焊缝长约 15000km。在发达国家，焊接结构用钢占钢产量的 60% 以上，我国焊接结构用钢的比例也逐步趋向 60% 的目标。目前，焊接技术已经渗透到制造业的各个领域。

焊接技术被誉为"钢铁的裁缝"，是一种高质、高效、低成本的材料连接方法。目前还没有其他方法能够比焊接更为广泛地应用于金属的连接，并对产品增加更大的附加值。

图1-3　飞机制造

图1-4　石化建设

图1-5　汽车制造

图1-6　轮船制造

图1-7　桥梁建设

图1-8　建筑建设

图1-9　容器制造

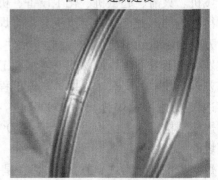

图1-10　零件加工

1.1.2　焊接的特点

焊接之所以能得到广泛应用，是因为焊接具有以下优点：

1）和其他加工方法相比可以节省大量的金属材料。与铆接相比，焊接结构可以节省材料 10%～30%。这是由于焊接结构不必钻铆钉孔，材料截面得到充分利用，也不必使用铆接结构必须使用的一些辅助材料。一般情况下，钢材焊接毛坯比铸钢毛坯重量轻 20%～30% 左右，比铸铁件毛坯轻 50%～60% 左右。一般焊接件毛坯比锻造毛坯轻 10% 左右。

2）焊接结构的生产周期短。与铸造相比，焊接结构生产不需要制模和造型，也不需要熔炼和浇注，工序简单，生产周期短，这一点对于单件小批生产尤其明显。另一方面，用焊接方法制造零件毛坯或部件，后续机械加工量少，甚至不需机械加工就能使用，劳动量少。与铸造和锻造件比，投入的劳动量少，生产率高。在现代化造船厂里，一个自重 200000t 的油轮，可在不到三个月的时间里下水，而同样的油轮若用铆接方法制造，则需要一年多的时间。

3）通过焊接，可以很方便地实现多种不同形状和不同厚度的钢板（或其他金属材料）的连接，甚至可以将不同种类的金属材料连接起来。

4）焊接结构的刚性大，重量轻。焊接是一种金属原子之间的永久连接方式，焊接结构中各部分是直接连接的，与其他的连接方式相比，不需要其他的附加连接件；同时焊接接头的强度一般与母材相当，因此，焊接结构重量轻、刚度大、工作可靠。

5）焊接结构生产一般不需要大型和贵重的机器设备。投建焊接结构制造工厂（车间）所需设备和厂房的投资少、见效快。同时，焊接车间适应不同批量的产品生产，而且结构的变更与改型快，所以转产（焊接结构产品）方便，而且并不因此而增加很多投资。

6）焊接准备工作简单。近年随数控精密切割设备的发展，无论是多大厚度或形状多么复杂的待焊件，都可以不用预先划线而直接从板料上切割出来，并且一般不必再机械加工，就能投入装配和焊接。

7）接头的强度高。与铆钉或螺栓结构的接头相比，焊接接头的强度高。这是由于对于铆接和螺栓连接接头，都必须预先在母材上钻孔，因而减小了接头的工作截面，使其接头的强度低于母材（大约低 20% 左右）。而现代的焊接技术已经能做到焊接接头的强度等于甚至高于母材的强度。

8）焊接结构设计的灵活性大。

①焊接结构的几何形状可以多种多样。焊接方法可以很方便地制造一些铆接、铸造和锻造等无法制造的空心封闭结构。

②焊接结构不受壁厚限制。焊接在一起的两构件的厚度，可厚亦可薄，即使厚与薄相差很大的两构件也能相互焊接。

③焊接结构的外形尺寸不受限制。任何大型的金属结构，可以按起重运输条件允许的尺寸范围，划分成若干部件，分别制造，然后吊运到现场装焊成整体。而铸造或锻造结构受工艺和设备条件的限制，外形尺寸不能做得很大。

④可以充分利用轧制型材装焊成所需要的结构。这些轧制型材可以是标准的，也可以按需要设计成非标准（专用）的，这样的结构重量轻，焊缝少。

⑤可以和其他工艺方法联合。如可以任意设计成铸-焊、锻-焊、栓-焊、冲压-焊接等联

合的金属结构。

⑥可以进行异种金属材料焊接。在一个结构上，可以按实际需要在不同部位焊接不同性能的金属材料，做到物尽其用。

9）焊接接头密封性好。焊缝可以达到其他连接方法无法比拟的气密和液密性能，特别在高温、高压容器和船壳等需要高度密封的结构上，只有焊接才是最理想的连接形式。

10）最适于制作大型或重型的、结构简单，而且是单件小批量生产的产品结构。由于受设备容量的限制，铸造与锻造制作大型金属结构困难，甚至不可能。对于焊接结构来说，结构越大、越简单，越能发挥它的优越性。但是，当构件小，形状复杂，而且是大批量生产时，从技术和经济上就不一定比铸造或锻造结构优越。

11）容易实现自动化生产。如果在焊接结构上的焊缝很规则，就容易实现高效率的机械化和自动化焊接生产，其综合经济效益极为显著。

12）成品率高。一旦出现焊接缺陷，修复容易。

当然，焊接结构也有一些不足之处：

1）会产生一定的焊接残留应力和焊接变形，有可能影响零部件与焊接结构的形状、尺寸，增加结构工作时的应力，降低承载能力，甚至引起断裂破坏。

2）焊接过程容易产生气孔、夹渣、裂纹等缺陷，降低承载能力，缩短焊接结构使用寿命。

1.1.3　焊接的分类

目前，在工业生产中应用的焊接方法已超过百种，根据焊接过程的特点可将其分为熔焊、压焊和钎焊三大类，每一大类又可按不同的方法分为若干小类，如图 1-11 所示。

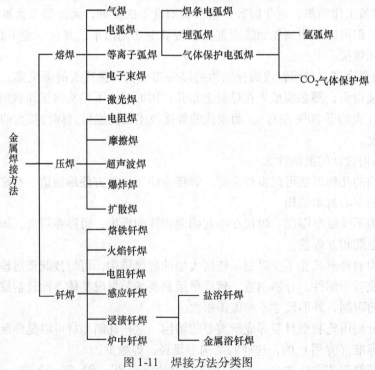

图 1-11　焊接方法分类图

1.2　焊接的发展历史

1.2.1　世界焊接的发展

早在公元前 3000 多年，埃及就出现了锻焊技术。

1801 年：英国 H. Davy 发现了电弧。

1900 年，法国人 Fouch 和 Picard 制造出第一个氧乙炔割炬。

1909 年：Schonherr 发明了等离子弧。

大约 1912 年：美国福特汽车公司为了生产著名的 T 型汽车，在自己工厂的实验室里完成了现代焊接工艺。

1919 年：Comfort A. Adams 组建了美国焊接学会（AWS）。

大约 1920 年：开始使用电弧焊修理一些贵重设备。

1922 年：Prairie 管道公司使用氧乙炔焊接技术，成功地完成了从墨西哥到德克萨斯的直径为 8in（1in = 0.0254m），长达 140mile（1mile = 1609.344m）的原油输送管线的铺设工作。

1923 年：世界上第一个浮顶式储罐（用来储存汽油或其他化工产品）建成；其优点是由焊接而成的浮顶与罐壁组成像望远镜一样可升高或降低的储罐，从而可以很方便地改变储罐的体积。

1926 年：由美国的 A. O. Smith 公司率先介绍了在电弧焊接用金属电极外使用挤压方式涂上起保护作用的固体药皮（即焊条电弧焊焊条）的制作方法。

1931 年：利用焊接工艺由全钢结构组成的帝国大厦建成。

1933 年：第一条使用电弧焊工艺焊接的接头采用无衬垫结构的长输管线铺成。当时世界上最高的悬索桥——旧金山的金门大桥建成通车，它是由 87750t 钢材焊接拼成的。

1934 年：乌克兰巴顿焊接研究所成立。

1935 年：美国的 Linde Air Products 公司完善了埋弧焊技术。

1941 年：二次世界大战时舰艇、飞机、坦克及各种重武器的制造采用了大量的焊接技术。

1944 年：英国 Carl 发明了爆炸焊。

大约 1950 年：在前苏联首次将电渣焊用于生产。

1954 年：第一艘采用焊接工艺制造的核潜艇 The Nautilus 号开始为美国海军服役。

1956 年：前苏联楚迪克夫发明了摩擦焊技术。

1960 年：美国 Maiman 发现激光，现激光已被广泛地应用在焊接领域。

1962 年：电子束焊接首先在超音速飞机和 B-70 轰炸机上正式使用。

1965 年：焊接而成的 Apollo 10 号宇宙飞船登月成功。

1983 年：航天飞机上直径为 160ft（1ft = 0.3048m）瓣状结构的圆形顶部是使用埋弧焊和气体保护焊方法焊接而成的，使用射线探伤机进行检验的。

1984 年：前苏联女宇航员 Svetlana Savitskaya 在太空中进行焊接试验。

1988 年：焊接机器人开始在汽车生产线中大量应用。

1991 年：英国焊接研究所发明了搅拌摩擦焊，成功地焊接了铝合金平板。

1993 年：使用机器人控制 CO_2 激光器，成功地焊接了美国陆军 Abrams233 型主战坦克。

1996 年：以乌克兰巴顿焊接研所 B. K. Lebegev 院士为首的三十多人的研制小组，研究开发了人体组织的焊接技术。

2001 年：人体组织焊接成功应用于临床。

2002 年：三峡水轮机的焊接完成，是已建造和目前正在建造的世界上最大的水轮机。

图 1-12 ~ 图 1-23 显示了焊接技术的发展历程。

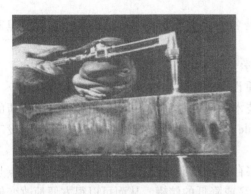

图 1-12　1901 年，德国人发明了氧矛切割

图 1-13　美国 1912 年生产的福特 T 型车

图 1-14　1923 年，世界上第一个浮顶式储罐

图 1-15　1924 年美国焊接学会活动时纪念照片

图 1-16　1931 年，全钢结构组成的帝国大厦

图 1-17　1933 年，建成的旧金山金门大桥

图 1-18 巴顿焊接研究所创始人
叶夫金·奥斯卡洛维奇·巴顿

图 1-19 1954 年，美国核潜艇 The Nautilus 号

图 1-20 1965 年，Apollo 10 号宇宙飞船

图 1-21 1984 年，前苏联女宇航员
在太空中进行焊接

图 1-22 1991 年，搅拌摩擦焊

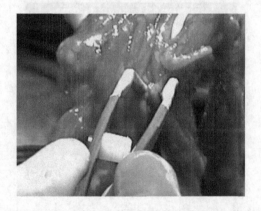

图 1-23 2001 年，人体组织焊接成功应用于临床

在 20 世纪中期，随着新能源的出现，如电子束、等离子束、激光束等，焊接技术有了突飞猛进的发展。目前，随着制造业的高速发展，传统的手工焊接已不能满足高科技产品制造的质量和数量要求，现代焊接技术正在向着机械化、自动化的方向发展。

剖析现代焊接加工技术，我们不难发现其越发显现出的几大特征：

1）焊接技术已成为最流行的连接技术。在当今工业社会，没有哪一种连接技术像焊接那样被如此广泛、如此普遍地应用于各个领域。

2）焊接显现了极高的技术含量和附加值。在人类社会步入 21 世纪的今天，焊接已经进入了一个崭新的发展阶段。当今世界的许多最新科研成果、前沿技术和高新技术，诸如计算机、微电子、数字控制、信息处理、工业机器人、激光技术等，已经被广泛地应用于焊接领域，这使得焊接的技术含量得到了空前提高，并在制造过程中创造了极高的附加值。

3）焊接已成为关键的制造技术。焊接作为组装工艺之一，通常被安排在制造流程的后期或最终阶段，因而对产品质量具有决定性作用。正因为如此，在许多行业中，焊接被视为一种特殊的制造过程。

4）焊接已成为现代工业不可分离的组成部分。在工业化最发达的美国，焊接被视为"美国制造业的命脉，而且是美国未来竞争力的关键所在"。其主要根源就是基于这样一个事实：许多工业产品的制造已经无法离开焊接技术。

1.2.2　我国焊接技术的发展

公元前 2000 多年，我国的殷朝已经采用铸焊技术制造兵器；公元前 200 年前，我们的祖先已经掌握了青铜的钎焊及铁器的锻焊工艺。这充分显示了中华民族的智慧。

1956 年，我国成立了哈尔滨焊接研究所，1957 年《焊接》杂志创刊（图 1-24），这是中国第一本焊接专业杂志。改革开放之后，随着科学技术的发展，焊接技术在制造业中得到广泛应用。改革开放 30 多年来，我国的焊接技术也取得了巨大的进步，成功地焊接了许多具有标志性意义的重大产品，在国民经济建设中发挥了重要的作用。图 1-25 ～图 1-33 列举了我国利用焊接技术建造的部分标志性建筑。

图 1-24　第一本焊接专业杂志——《焊接》

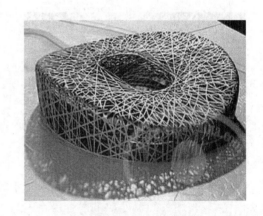

图 1-25　北京奥运会主场馆——鸟巢

1）北京奥运会主场馆——鸟巢（我国八大现代建筑之一）。鸟巢建筑顶面呈鞍形，长轴为 332.3m，短轴为 296.4m，最高点高度为 68.5m，最低点高度为 42.8m。钢结构大量采用由钢板焊接而成的箱形构件。

图 1-26　国家大剧院

图 1-27　中央电视台新楼

图 1-28　香港会展中心

图 1-29　南京国际展览中心

图 1-30　东方明珠

图 1-31　"世界第一拱桥"——上海卢浦大桥

图 1-32　长江三峡水水电站水轮机转轮

图 1-33　"神舟"号载人飞船

2）国家大剧院。国家大剧院工程总投资 26 亿元人民币，主体建筑呈"巨蛋"形，其椭球形穹顶长轴为 212.2m，短轴为 143.64m，高为 46.28m，焊接钢结构的总重量达 6475t，为世界最大的穹顶。

3）中央电视台新楼。中央电视台新台址用地面积总计 187000m²，总建筑面积约 55 万 m²，建筑最高约 230m，用钢 12.18 万 t，工程建设总投资约 50 亿元人民币，于 2009 年竣工。

4）香港会展中心是亚洲第二大的会议及展览场馆。会展中心同时拥有两幢世界级酒店，一幢办公大楼，一幢服务式住宅，是亚洲首个专为展览会议用途而兴建的大型设施。大会堂前厅的玻璃幕墙高达 30m，拥有 180°宽广的海港景观。香港会展中心新翼与原有的会展中心之间，由一条长 110m 的天桥走廊连接。

5）南京国际展览中心。是古都南京的一个标志性建筑，它集展览、商贸、会议、信息、旅游、娱乐、餐饮为一体，是按照当代国际展览功能建设的大型智能化展馆。占地 12.6 万 m²，总建筑面积 10.8 万 m²。

6）东方明珠。耸入云天的东方明珠电视塔，塔身为一大一小两个圆球型建筑，底部为呈三角形的底座支架，与周围的建筑联缀而成为群体建筑。

7）"世界第一拱桥"——上海卢浦大桥，投资 22 亿多人民币，全长 3900m，主桥长 750m，跨度 550m，跨度比排名第二的美国西弗吉尼亚大桥长 32m。是世界上首座采用箱形拱结构的特大型拱桥，桥下可通过 7 万 t 级的轮船。它也是世界上首座完全采用焊接工艺连接的大型拱桥（除合龙接口采用栓接外），现场焊接焊缝总长度达 4 万多米，用 3.4 万 t 厚度为 30~100mm 的细晶粒钢焊接而成。

8）长江三峡水利工程，其水电站的水轮机转轮直径为 10.7m，高 5.4m，重达 440t，为世界最大、最重的不锈钢焊接转轮，转轮分别由上冠、下环和 13 个或 15 个叶片焊接而成，每个转轮需要消耗 12t 焊丝。同样，三峡水电站的电机定子座和蜗壳的结构也是巨大的，其中电机定子座直径为 22m，高为 6m，重 832t，是在我国焊接的最大钢结构机座；蜗壳进水口直径为 12.4m，总重量 750t，为世界最大、最重的焊接蜗壳。

9）"神舟"号载人飞船。为全焊的铝合金结构，在空间环境模拟舱中进行试验。模拟装置是一个大型不锈钢整体焊接结构，主舱是一个直径为 18m，高为 22m 的真空容器。

1.2.3　我国焊接技术现状

1. 焊接材料方面

目前，我国是世界上最大的焊材生产与消费国。但在我国生产的焊材中，手工焊的焊条产量约占 75% 以上，而机械化、自动化焊接需要的各种焊丝的总量不足 25%。焊接机械化、自动化率不足 30%，而世界工业发达国家的机械化、自动化率一般都在 70% 以上。可见我国的焊接生产总体上说自动化率仍比较低，说明我国目前还远不是一个焊接技术强国。

2. 焊接设备方面

在统计的 100 家主要与焊接生产相关的企业中，电焊机的平均配置情况为：焊条电弧焊的直流、交流焊机和气体保护焊机三者各约占 1/3 左右（图 1-34）。近几年来，由于 CO_2 气体保护焊的效率高，焊机和焊丝供应充足、质量稳定，普及的速度明显加快，平均每年以 20% ~ 30% 的速度增长。

3. 焊接机器人的应用

我国制造业中焊接机器人（图 1-35）的应用主要是在 20 世纪 90 年代以后，近年来焊接机器人的数量增加很快，汽车制造业是我国点焊机器人的主要用户。其他行业大都是以弧焊机器人为主，主要分布在工程机械、摩托车、铁路车辆、锅炉等行业，如图 1-36 所示。焊接机器人的分布主要集中在东部沿海和东北地区。东部的上海和东北的长春这两个汽车城是我国拥有焊接机器人最多的城市。从图 1-36 中还能看出，我国焊接机器人的行业分布不均衡，也不够广泛。

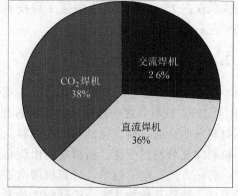

图 1-34　电焊机平均配置情况

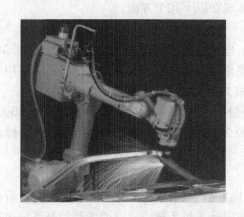

图 1-35　利用激光的机器人对轿车车门进行切割

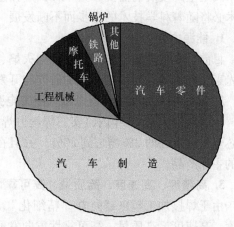

图 1-36　焊接机器人的应用领域

4. 焊接专机的应用

焊接专机是一种刚性或半刚性的自动化焊接设备，不同于柔性自动化的焊接机器人。焊接专机大多应用在大批量生产产品的企业，如用于冰箱与空调压缩机的焊接生产线、汽车装焊生产线、管子生产线、汽车零部件生产线、摩托车零部件生产线等场合。目前，我国焊接专机数量还不多，说明焊接生产的自动化水平还比较低。图 1-37 所示为汽车消声器用焊接专机。

5. 焊接结构用钢量

焊接结构的用钢量是衡量一个国家焊接技术总体水平的重要指标。我国焊接结构的用钢量约占钢产量的 40% 左右。

6. 企业焊接技术人员和焊接工人概况

人是企业最具活力的生产力，而企业是高新技术的载体。企业的竞争说到底是人才的竞争，包括技术人员的创新能力和工人的素质。目前，我国企

图 1-37　汽车消声器用焊接专机

业焊接技术人员队伍的 66% 由工程师和助理工程师组成，而具有研究员级高级工程师职称的人数仅占 1%；并且这些焊接工程技术人员的学历普遍较低，其中大学本科以下的约占 45% 左右。

1.2.4 焊接的发展趋势

焊接技术作为一种材料连接工艺，必须与新材料的发展相适应。目前，材料科学作为 21 世纪的支柱科学之一已显示出多方面的变化，如从钢铁材料向非铁金属材料变化，从金属材料向非金属材料变化，从结构材料向功能材料变化，从多维材料向低维材料变化，从单一材料向复合材料变化。新材料的出现必然要对焊接技术提出新的要求。

另一方面，电子技术、计算机微电子信息和自动化技术的发展，推动了焊接自动化技术的发展。特别是数控技术、柔性制造技术和信息处理技术等技术的引入，促进了焊接自动化技术革命性的发展。随着社会的进步和经济的发展，人们一方面要推出新技术和新的焊接形式来满足生产发展的需要，另一方面焊接也向着大型化、高参数和高寿命的方向发展。焊接技术必将随着科学技术的进步而不断发展，主要体现在以下几个方面：

1. 能源方面

目前，焊接热源已非常丰富，如火焰、电弧、电阻、超声波、摩擦、等离子、电子束、激光束、微波等，但焊接热源的研究与开发并未终止，以使它更为有效、方便与经济适用。

2. 熔化极气体保护焊逐渐取代手工电弧焊将成为焊接的主流

我国预计未来 10 年内，实芯焊丝占焊材消耗量的比例将会由现在的 15% 增长到 30%；药芯焊丝由现在的 2% 增长到 20%，并且在未来的 20 年内会超过实芯焊丝，最终成为焊材中的主导产品。

3. 高精度、高速度、高质量、高可靠性

由于焊接加工越来越向着"精细化"加工方向发展，因此，焊接自动化系统也向着高精度、高速度、高质量、高可靠性方向发展。目前以计算机为核心建立的各种控制系统包括焊接顺序控制系统、PID 调节系统、最佳控制及自适应控制系统等，这些系统均在电弧焊、压焊和钎焊等不同的焊接方法中得到应用。计算机软件技术在焊接中的应用越来越得到人们的重视，人们也致力于研究各种各样的焊接专机，如图 1-37 所示。

4. 集成化、柔性化、标准化、通用化、网络化、智能化

焊接自动化系统的集成化技术包括硬件系统的结构集成、功能集成和控制技术集成。设计焊接装备时必须考虑柔性化，形成柔性制造系统，以充分发挥装备的效能，满足同类产品不同规格工件的生产需要。系统结构、硬件等的标准化、通用化不仅有利于系统的扩展、外设的兼容，而且有利于系统的维修。由于现代网络技术的发展也促进了焊接自动化系统管控一体化技术的发展，将现今的传感技术、计算机技术和智能控制技术应用于焊接自动化系统中，使其能够在各种复杂环境、变化的焊接工况下实现高质量、高效率的自动焊接。

焊接机器人（图 1-35）是焊接自动化的革命性进步，它突破了焊接刚性自动化的传统方式，开拓了一种柔性自动化新方式。它的优点在于能稳定和提高焊接质量，保证焊接产品的均一性；提高了生产率，一天可 24h 连续生产；可在有害环境下长期工作，改善了工人劳动条件；降低了对工人的操作技术要求；可实现小批量产品焊接自动化；为焊接柔性生产线提供了技术基础。

练习与思考

1. 焊接为什么应用广泛？有何特点？
2. 焊接方法有哪些分类？
3. 焊接经历了哪些发展过程？我国在焊接行业取得了哪些成绩？
4. 我国焊接的现状怎样？
5. 焊接的发展趋势是什么？

教学单元 2　电弧焊基本知识

【教学目标】
1）了解电弧产生的基本原理。
2）掌握熔滴过渡的主要形式。
3）能正确认识焊缝的形成过程及影响因素。

2.1　焊接电弧

　　天空中的闪电（图2-1）、人体触电产生的电弧（图2-2）、辉光放电（图2-3），都是一种气体放电现象。在两电极之间的气体介质中，强烈的放电现象称为电弧。电弧放电的主要特点是电压低、电流大、温度高（温度可达6000℃）、发光强。电弧产生的高温可以用来进行焊接、切割、碳弧气刨及电弧炼钢等。焊接电弧（图2-4）就是产生在电极与焊件之间的一种气体放电现象。

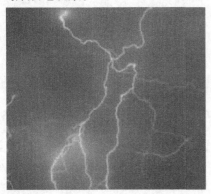

图2-1　闪电

图2-2　人体触电产生的高压电弧

图2-3　辉光放电照明

图2-4　焊接电弧

2.1.1　焊接电弧的产生

中性气体是不能导电的，要使两电极之间的气体导电，必须具备两个条件：两电极之间有带电离子；两电极之间有电场。为了在气体中产生电弧而通过电流，就必须使中性气体分子（或原子）电离成为正离子和电子；同时，为了维持电弧持续燃烧，要求电弧的阴极不断发射电子，就必须不断地输送电能给电弧，以补充能量的消耗。气体电离和电子发射是电弧中最基本的物理现象。

1. 气体的电离与激发

在外加能量的作用下，使中性的气体分子或原子电离成电子和正离子的过程称为气体的电离。在焊接电弧中，根据引起电离的能量来源不同，气体电离种类可分为以下三种形式：

1）场致电离。是指在电场中，被加速的带电粒子（电子、离子）与中性离子（原子）碰撞后发生的电离。

2）热电离。是指在高温下，气体离子受热作用而产生的电离。

3）光电离。是指气体离子受到光辐射的作用而产生的电离。

气体离子在产生电离的同时，带异性电荷的质点也会发生碰撞，使正离子和电子复合成中性质点，即产生中和现象。当电离速度和复合速度相等时，电离就趋于相对稳定的动平衡状态。一般地，电弧空间的带电粒子数量越多，电弧越稳定；而带电粒子的中和现象则会减少带电粒子的数量，从而降低电弧的稳定性。

2. 电子发射

在电弧焊中，电弧气氛中的带电离子一方面由电离产生，另一方面由阴极电子发射产生。在阴极表面的原子或分子，接受外界的能量而释放出自由电子的现象称为电子发射。电子发射是引弧和维持电弧稳定燃烧的一个很重要的因素。按其能量来源不同，可分为热发射、光发射、场致发射和粒子碰撞发射等。

1）热发射。阴极表面因受热作用而使其内部自由电子具有大于逸出功的动能而脱离电子核束缚产生电子的现象，称为热发射。热发射在焊接电弧中起着重要作用，它随着温度上升而增强。

2）光发射。阴极表面接受光辐射的能量而释放出自由电子的现象称为光发射。对于各种金属和氧化物，只有当光射线波长小于能使它们发射电子的极限波长时，才能产生光发射。

3）场致发射。阴极表面空间存在一定强度的正电场时，阴极内部的电子将受到电场力的作用而发射出来，称为场致发射。电场越强，发射出的电子形成的电流密度就越大。场致发射在焊接电弧中也起着重要作用，特别是在非接触式引弧时，其作用更加明显。

4）粒子碰撞发射。电弧中高速运动的粒子（主要是正离子）碰撞到阴极上，引起电子的逸出，称为粒子碰撞发射。正离子能量越大，电子发射越强烈。

综上所述，焊接电弧是气体放电的一种形式，焊接电弧的形成和维持是在电场、热、光和质点动能的作用下，气体原子不断地被激发、电离，以及电子发射的结果。同时，也存在负离子的产生、正离子和电子的复合。由此可见，焊接电弧的能量主要靠电场及由其产生的热、光和动能来维持，而这个电场就是由弧焊电源提供的空载电压所产生的。

2.1.2 焊接电弧的引燃

焊条电弧焊时，焊条与焊件之间存在电压，当它们相互接触时，相当于电弧焊电源短接。由于短路电流很大，就产生了大量电阻热，使金属熔化，甚至蒸发、汽化，引起强烈的电子发射和气体电离。这时，立即将焊条与焊件拉开一定距离，由于电源电压的作用，在这段距离内，形成很强的电场，又促使产生电子发射。同时，带电粒子在电场作用下，向两极定向运动。弧焊电源不断地供给电能，新的带电粒子不断得到补充，形成连续燃烧的电弧。

2.2 焊丝熔化与熔滴过渡

2.2.1 焊丝（条）的作用及其加热与熔化

1. 焊丝（条）的作用

1）作为电弧的一个电极。

2）提供熔化金属，作为焊缝金属的一部分。

焊条与焊丝分别如图 2-5 和图 2-6 所示。

图 2-5 焊条

图 2-6 焊丝

2. 焊丝（条）的加热和熔化

电弧焊时，用于加热、熔化焊丝（条）的热源是电弧热和电阻热。熔化极电弧焊时，如 CO_2 气体保护焊（图 2-7），焊丝（条）的熔化主要靠阴极区（正接）或阳极区（反接）所产生的热量及焊丝伸出长度上的电阻热，而弧柱区产生的热量对焊丝（条）的加热熔化作用较小。非熔化极电弧焊（如钨极氩弧焊或等离子弧焊）的填充焊丝主要靠弧柱区产生的热量熔化。

2.2.2 熔滴过渡

熔滴过渡的主要形式分为三种：自由过渡（图 2-8、图 2-9）、接触过渡（短路过渡，图 2-10）和渣壁过渡。

图 2-7 CO_2 气体保护焊

1. 自由过渡

自由过渡是指熔滴在电弧空间自由飞行，焊丝端头和熔池之间不发生直接接触的过渡方式。

（1）滴状过渡　其特点是熔滴直径大于焊丝直径，如图 2-8 所示。

1）粗滴过渡。条件：电流较小，电弧电压高时，如小电流 MIG 焊（熔化极惰性气体保护焊）。过渡频率低，主要是重力与表面张力的平衡。

2）细滴过渡。条件：较大电流时，如大电流 CO_2 气体保护焊。过渡频率高，电弧稳定，焊缝质量高。

（2）喷射过渡　在 MIG 焊时会出现这种形式的过渡，又分为射滴过渡、亚射流过渡、射流过渡等（图 2-9）。

1）射滴过渡。熔滴直径接近焊丝直径，尺寸规则呈球形，沿轴向过渡。

形成原因：熔滴被弧柱笼罩，电弧呈钟罩形，从而电磁收缩力形成较强的推力。

出现场合：铝及其合金的氩弧焊及钢的脉冲氩弧焊。

2）射流过渡。电流密度大，熔滴直径小于焊丝直径。

形成原因：电流密度大，焊丝熔化端部形成尖锥状，出现金属蒸发，电弧跳弧（此时电流称为射流过渡的临界电流），形成很强的等离子流力。

出现场合：大电流 MIG 焊或大电流富氩混合气体保护焊。

3）亚射流过渡。介于接触过渡与射滴过渡之间的熔滴过渡形式。

形成原因：因其电弧较短，在电弧热作用下，形成的熔滴长大，在即将以射滴过渡时与熔池短路，在电磁收缩力的作用下断裂形成过渡。

特点：短路前就已经形成细颈；短路时间短；飞溅小，焊缝成形美观；电弧自调节能力极强；主要用于铝及其合金的焊接。

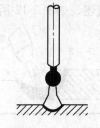

图 2-8　滴状过渡

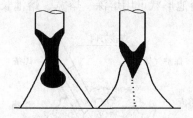

图 2-9　喷射过渡形成机理示意图

2. 接触过渡（短路过渡）

接触过渡又称短路过渡，是指当电流较小，电弧电压较低时，弧长较短，熔滴未长成大滴就与熔池接触形成液态金属短路，电弧熄灭，随之金属熔滴在表面张力及电磁收缩力的作用下过渡到熔池中去，熔滴脱落之后电弧重新引燃，如此交替进行的过渡方式，如图 2-10 所示。

特点：

1）短路过渡是燃弧、熄弧交替进行的。

2）短路过渡时，焊接平均电流较小，而短路电

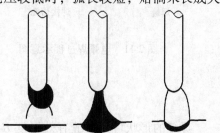

图 2-10　短路过渡示意图

流峰值相当大，这种电流形式既可避免薄板的焊穿，又可保证熔滴过渡的顺利进行，有利于薄板焊接或全位置焊接。

3）短路过渡时，一般使用小直径的焊丝或焊条，电流密度较大，电弧产热集中，焊丝或焊条熔化速度快，因而焊接速度快。同时，短路过渡的电弧弧长较短，焊件加热区较小，可减小焊接接头热影响区宽度和焊接变形量，提高焊接接头的质量。

3. 渣壁过渡

渣壁过渡是指熔滴沿着熔渣的壁面流入熔池的一种过渡形式。

埋弧焊时，电弧在熔渣形成的空腔（气泡）内燃烧，熔滴主要通过渣壁流入熔池，只有极少数熔滴通过空腔内的电弧空间进入熔池。

焊条电弧焊时，熔滴过渡形式可能有四种，即渣壁过渡、粗滴过渡、细滴过渡和短路过渡，具体过渡形式取决于药皮成分和厚度、焊接参数、电流种类和极性等。当采用厚药皮焊条焊接时，焊芯比药皮熔化快，使焊条端头形成有一定角度的药皮套筒，控制熔滴沿套筒壁落入熔池，形成渣壁过渡。

出现场合：埋弧焊和焊条电弧焊。

2.3 母材熔化与焊缝成形

2.3.1 熔池及焊缝的形成

在电弧热的作用下焊丝与母材被熔化，在焊件上形成一个具有一定形状和尺寸的液态熔池。随着热源的移动，熔池前端的焊件不断被熔化并进入熔池中，熔池后部则不断冷却结晶形成焊缝，如图 2-11 所示。

熔池形状可用熔深、熔宽、熔池长度等几个基本参数来描述，如图 2-12 所示。

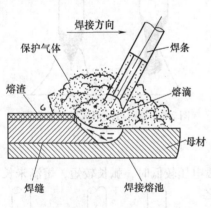

图 2-11　电弧焊过程示意图

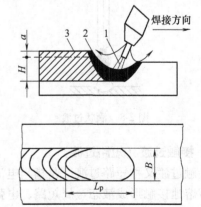

图 2-12　熔池形状示意图
1—焊接电弧　2—熔池金属　3—焊缝金属
H—熔深　B—熔宽　L_p—熔池长度　a—余高

焊缝的形状可用焊缝有效厚度 H、焊缝宽度 B 和余高 a 三个参数来描述。如图 2-13 所示。生产中常用焊缝成形系数 $\varphi = B/H$ 和余高系数 $\psi = B/a$ 来表征焊缝成形的特点。

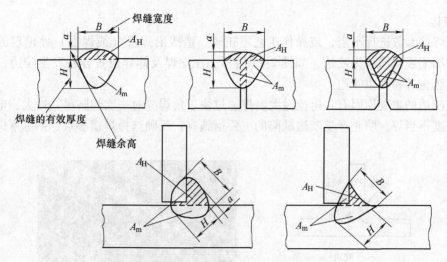

图 2-13　对接和角接接头的焊缝形状及尺寸

A_H—填充金属熔化面积　　A_m—母材熔化面积

2.3.2　焊缝成形缺陷

焊接过程中，因受各种因素的影响，难免会产生各种不同类型的缺陷。其中气孔、夹渣、裂纹等缺陷主要受冶金因素的影响，而因焊接参数选择不当或操作工艺不合适造成的焊缝成形缺陷主要有以下几种：

1. 焊缝尺寸、形状不符合要求

焊缝尺寸不符合要求是指实际焊缝尺寸与预先设计规定的尺寸产生偏差的现象，主要包括焊缝宽度过大或过小、焊缝厚度过大或过小、角焊缝有效厚度不足等。焊缝的形状不符合要求是指焊缝外观质量粗糙，鱼鳞波高低、宽窄发生突变，焊缝与母材非圆滑过渡等，如图2-14 所示。

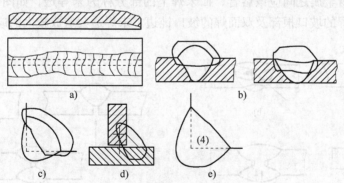

图 2-14　焊缝外形尺寸不符合要求

a) 焊缝高低不平、宽度不均、波形粗劣　b) 余高过高或过低

c) 余高大　d) 过渡不圆滑　e) 合适

产生焊缝尺寸不符合要求的主要原因有：焊件所开坡口角度不合适、装配间隙不均匀、焊接参数选择不当、操作人员技术不熟练等。防止产生焊缝尺寸不符合要求的主要措施有：正确选择坡口角度、装配间隙和焊接参数，并由熟练工人严格按设计要求进行施工。

2. 咬边

由于焊接参数选择不当，或操作工艺不正确，造成沿焊趾（或焊根）处出现的低于母材表面的凹陷或沟槽称为咬边，如图 2-15 所示。在立焊及仰焊位置容易发生咬边，在角焊缝上部边缘也容易发生咬边。

产生咬边的主要原因有：电流过大、焊速过快、角焊缝时一次焊脚尺寸过大、电压过高或焊枪角度不当等。防止产生咬边缺陷的主要措施有：正确选择焊接参数，熟练掌握焊接操作技术等。

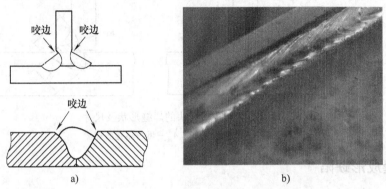

图 2-15　咬边示意图及实例

3. 未熔合和未焊透

在焊缝金属和母材之间或焊道金属与焊道金属之间未完全熔化结合的部分称为未熔合，如图 2-16 所示。未熔合常出现在坡口的侧壁、多层焊的层间及焊缝的根部。这种缺陷有时间隙很大，与焊渣难以区别。有时虽然结合紧密但未熔合，往往从未熔合区末端产生微裂纹。

焊接时，母材金属之间应该熔合，而未焊上的部分称为未焊透，如图 2-17 所示。未焊透常出现在单面焊的坡口根部及双面焊的坡口钝边。未焊透会造成较大的应力集中，往往从其末端产生裂纹。

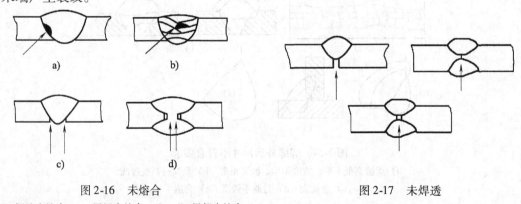

图 2-16　未熔合　　　　　　　　　　　　　　　　图 2-17　未焊透

a）侧壁未熔合　b）层间未熔合　c）、d）根部未熔合

产生未焊透和未熔合的主要原因有：焊接电流过小、焊速过快、坡口尺寸不合适、焊丝偏离焊缝中心、受磁偏吹影响、焊件清理不良等。防止产生未焊透和未熔合缺陷的主要措施

有：正确选择焊接参数、坡口形式、装配间隙，并确保焊丝对准焊缝中心；同时，注意坡口两侧和焊道层间的清理。

4. 焊瘤

焊瘤是指熔化的金属流淌到焊缝之外未熔化的母材上所形成的金属瘤，如图 2-18 所示。

产生焊瘤的主要原因有：坡口尺寸过小、焊接速度过慢、电弧电压过低、焊丝偏离焊缝中心、焊丝伸出长度过长等。防止产生焊瘤缺陷的主要措施有：尽量使焊缝处于水平位置，使填充金属量适当，焊接速度适当，焊丝伸出长度不宜过长，合理选择坡口尺寸等。

5. 焊穿及下塌

焊穿是指焊缝上形成穿孔的现象。下塌是指熔化的金属从焊缝背面漏出，使焊缝正面下凹、背面凸起的现象，如图 2-19 所示。

产生焊穿及下塌的主要原因有：焊接电流过大、焊接速度过慢、坡口间隙过大等。防止产生焊穿及下塌缺陷的主要措施有：合理选择焊接参数，使焊接电流和焊接速度配合适当，严格控制装配间隙。气体保护焊时，应注意气体流量不宜过大，防止形成切割效应。

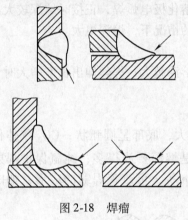

图 2-18 焊瘤

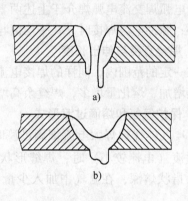

图 2-19 焊穿及下塌
a）焊穿　b）下塌

2.3.3 焊接参数对焊缝成形的影响

1. 焊接电流

焊接电流主要影响焊缝厚度。随着焊接电流的增大，熔深增加，熔宽略有增加，余高增加，焊缝成形系数及余高系数减小，如图 2-20 所示。

2. 电弧电压

电弧电压主要影响焊缝宽度。在其他条件不变时，随着电弧电压增大，熔宽显著增加，熔深和余高略有减小，如图 2-21 所示。

3. 焊接速度

焊速提高，熔深和熔宽都显著减小，如图 2-22 所示。为了保证合理的焊缝尺寸，同时又提高焊接生产率，在提高焊速的同时，应相应提高焊接电流和电弧电压，并使其保持在稳定的匹配工作范围内。

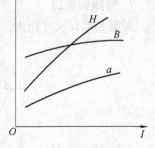

图 2-20 焊接电流对焊缝
成形的影响

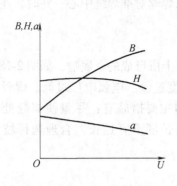

图 2-21 电弧电压对焊缝成形的影响

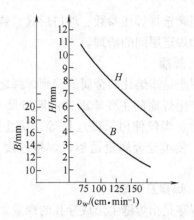

图 2-22 焊接速度对焊缝成形的影响

4. 电流种类和极性

熔化极电弧焊直流反接时，焊件（阴极）产生热量较多，熔深和熔宽比直流正接的大。熔化极电弧焊交流电弧焊介于上述两者之间。对于非熔化极电弧焊，正接时熔深较大，反接时较小；脉冲电流焊接时，在平均值与普通电流相同的情况下，熔深更大。

5. 焊丝直径与伸出长度

在一定的范围内，同样的焊接电流，焊丝越细，熔深越大；焊丝伸出长度增大时，焊丝电阻热增加，熔化量增多，焊缝余高增大。

6. 保护气氛和熔滴过渡形式

CO_2 气体保护焊大电流细滴过渡时，焊缝熔深较大，底部呈圆弧状；CO_2 气体保护焊短路过渡（电流较小）时，焊缝形状类似碗状，只是熔深要浅得多；纯氩保护焊射流过渡时为指状熔深，在氩气中加入少量的 CO_2、O_2、He 等，可改善焊缝的成形，如图 2-23 所示。

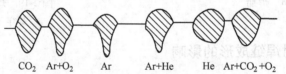

CO₂ 这行标注：CO$_2$ Ar+O$_2$ Ar Ar+He He Ar+CO$_2$+O$_2$

图 2-23 保护气体成分对焊缝成形的影响

7. 间隙和坡口

间隙和坡口尺寸越大，余高越小，如图 2-24 所示。

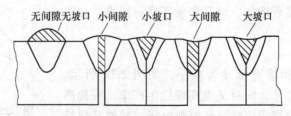

无间隙无坡口 小间隙 小坡口 大间隙 大坡口

图 2-24 间隙和坡口对焊缝成形的影响

8. 电极的倾角

前倾时熔深小，熔宽大，如图 2-25 所示。

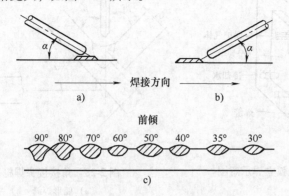

图 2-25　电极倾角对焊缝成形的影响

a）后倾　b）前倾　c）前倾时倾角影响

9. 工件位置及焊接位置

工件位置及焊接位置对焊缝成形的影响如图 2-26 所示。

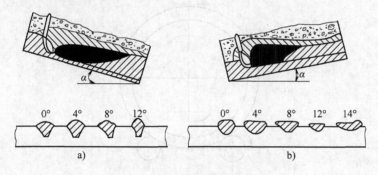

图 2-26　工件倾角对焊缝成形的影响

a）上坡焊　b）下坡焊

10. 工件材料及厚度

工件材料的容积热容越大，材料自身吸收的热量越多，则熔深、熔宽越小。工件越厚，热传导越多，则熔深、熔宽越小。

11. 焊剂

焊剂密度小、颗粒度大、堆高小时，电弧压力小，电弧膨胀，则熔深小，熔宽大。

2.3.4　焊缝成形的控制

1. 焊接参数要合适

要合理选择焊接电流、电弧电压、焊丝直径、电流极性、保护气体种类等。

2. 不同条件下可采取不同的工艺措施

1）焊缝强制成形示例如图 2-27 所示。

2）对于角接接头，焊枪倾角如图 2-28 所示。

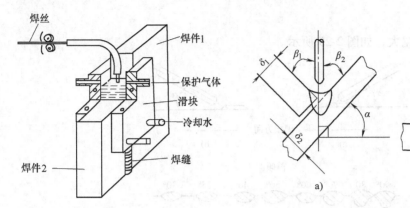

图 2-27　气体保护电弧立焊示意图

图 2-28　角接接头焊枪倾角示意图

a) 船形焊缝　b) 平角焊

3) 对于环缝接头，焊枪不动，工件转动，使焊接位置处在 11 点钟、5 点钟位置，在这样的位置相当于平焊位置，可以保证良好的焊缝成形，示意图如图 2-29 所示，实例如图 2-30 所示。

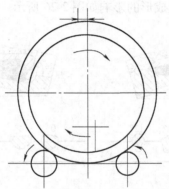

图 2-29　环缝焊接时的焊枪位置

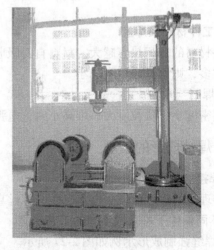

图 2-30　利用工装调整焊接位置实例

练习与思考

1. 焊接电弧是怎样产生的?
2. 熔滴过渡主要有哪些形式? 各有什么特点?
3. 常见的焊缝成形缺陷有哪些? 形成原因是什么?
4. 影响焊缝成形的因素有哪些?
5. 如何控制焊缝的成形?

教学单元 3　常用焊接设备及弧焊电源

【教学目标】

1）熟悉常用的焊接设备。

2）了解弧焊电源的特点及选用。

3.1　焊条电弧焊设备

1. 焊接电源

（1）焊接电源的作用　焊接电源是焊条电弧焊的主要设备，其主要作用有：

1）影响电弧燃烧的稳定性。

2）影响焊接过程的稳定性。

3）影响焊接质量。

（2）焊接电源的特点　焊接电源一般应具有以下特点：

1）引弧容易、电弧燃烧稳定。焊接电源空载电压的高低直接影响引弧的成功率。空载电压越高，引弧越容易，电弧燃烧的稳定性越好；但为了确保焊工安全，要求焊接电源的空载电压在满足引弧和电弧稳定燃烧的前提下，尽可能采用较低的空载电压。

2）保证焊接质量。焊接时，电弧的长短会引起焊接电压和电流的变化。为保证焊接质量，应尽可能使电压的变化所引起电流的变化值最小，即当 ΔU 一定时，ΔI 最小。也就是说，焊接电源应具有良好的下降外特性。

3）保证焊接参数、可稳定调节。为满足不同的焊接工艺，适应不同的焊件材质、厚度、焊接位置、焊条牌号和直径的变化，要求焊接电源具有良好的调节特性。

（3）常用焊条电弧焊焊接电源　一般有弧焊变压器、直流弧焊发电机和弧焊整流器。其比较见表 3-1。

表 3-1　常用焊条电弧焊焊接电源的比较

项　目	交　流		直　流
	弧焊变压器	直流弧焊发电机	弧焊整流器
电弧稳定性	较差	好	较好
电网电压波动的影响	较小	小	较大
噪声	较小	大	较小
结构与维修	简单	复杂	较简单
空载电压	较高	高	较低
设备成本	低	高	较高
电源重量	轻	重	较轻

1）弧焊变压器，也称交流弧焊机。它是一台特殊的降压变压器。与普通电力变压器相比，其区别在于：为保证电弧引燃并能稳定燃烧和得到陡降的外特性，常用的交流弧焊变压器必须具有较大的漏感。根据增大漏感的方式和其结构特点看，这类交流弧焊变压器分为动铁心式（BX1-315、BX1-500 等）、动绕组式（BX3-300、BX3-500 等）和抽头式（BX6-160、BX6-315 等），如图 3-1～图 3-3 所示。

图 3-1　交流弧焊变压器（动铁心式）

图 3-2　交流弧焊变压器（动绕组式）

图 3-3　交流弧焊变压器（抽头式）

2）直流弧焊发电机。直流弧焊发电机是由一台电动机和一台弧焊发电机组成的机组，由电动机带动弧焊发电机发出直流焊接电流。制造较复杂，消耗材料较多且效率较低，有逐渐被弧焊整流器取代的趋势，如图 3-4 所示。

图 3-4　直流弧焊发电机

3）弧焊整流器，也称直流弧焊机。目前使用较多的直流弧焊电源是硅弧焊整流器、晶闸管式弧焊整流器。晶闸管式弧焊整流器的性能优于硅弧焊整流器，已成为一种主要的弧焊电源。它具有良好的可控性，制造方便，空载损耗小，大多数可以远距离调节；能自动补偿电网波动对电弧电压、焊接电流的影响，如图 3-5 所示。

图 3-5　晶闸管式弧焊整流器

4）弧焊逆变器。这是一种新型的弧焊电源，高效节能，效率可达 90%，功率因数可提高到 0.99。另外其重量轻、体积小，非常便于携带；同时还具有良好的动特性和焊接工艺性，是一种最具有发展前途的普及型弧焊电源，如图 3-6 所示。

图 3-6　弧焊逆变器

2. 焊接工艺装备

焊接工艺装备是指完成焊接操作的辅助设备，包括：

1）保证焊件尺寸、防止焊接变形的焊接夹具，如图 3-7 所示。

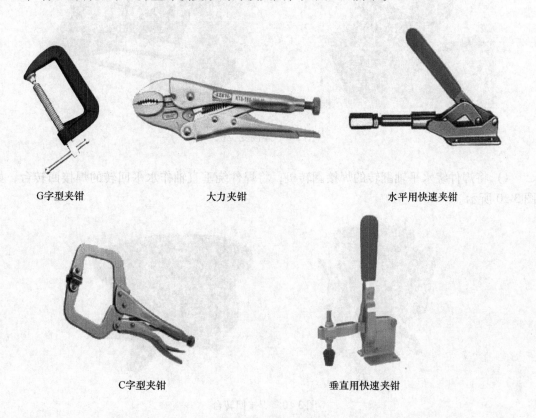

　G字型夹钳　　　　　　　　大力夹钳　　　　　　　　水平用快速夹钳

　　C字型夹钳　　　　　　　　　　垂直用快速夹钳

图 3-7　焊接夹具

2）焊接小型焊件用的焊接工作台，如图 3-8 所示。

图 3-8　焊接工作台

3）将焊件回转或倾斜，使焊件接头处于水平或船形位置的焊接变位机，如图 3-9 所示。

图 3-9　焊接变位机

4）将焊件绕水平轴翻转的焊接翻转机；将焊件绕垂直轴作水平回转的焊接回转台，如图 3-10 所示。

图 3-10　焊接回转台

5）带动圆筒形或锥形焊件旋转的焊接滚轮架，如图 3-11 所示。

图 3-11　焊接滚轮架

6）焊接大型焊件时，带动操作者升降的焊工升降台，如图 3-12 所示。

3. 焊接辅助工具

1）电焊钳，又称焊把。作用是夹持和操纵焊条，焊接时传导焊接电流，并保证与焊条电气连接的手持绝缘器具。电焊钳有外壳防护、防电击保护、温升值、耐焊接飞溅、耐跌落等主要技术指标，通常有 300A 和 500A 两种，如图 3-13 所示。

图 3-12 焊工升降台

图 3-13 电焊钳

2）面罩。它们用来防止焊接飞溅、弧光及高温对焊工面部及颈部的灼伤，同时还能减轻焊接烟尘和有害气体对焊工的伤害。

面罩一般分为手持式和头盔式，如图 3-14 所示。面罩选用耐燃或不燃的绝缘材料制作，罩体应遮住焊工的整个面部，结构牢固，不漏光。

图 3-14 面罩

3）焊工手套。焊工手套是为防御焊接时的高温、熔融金属、火花烧（灼）手的个人防护用品。一般采用牛、猪绒面革制成五指形、三指形和二指形手套，如图 3-15 所示，并配有 18cm 长的帆布或皮革制的袖筒。

4）焊条保温筒。使用低氢焊条焊接重要工件时，为防止低氢焊条吸潮而影响焊缝质量，使用前常做烘干处理。施工时，将焊条从烘干箱中取出并放入焊条保温筒，在施工现场再逐根取出使用。焊条保温筒如图 3-16 所示。

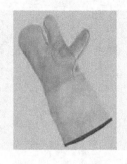

图 3-15　焊工手套

图 3-16　焊条保温筒

5）焊缝接头尺寸检测器。用于测量坡口角度、间隙、错边，以及余高、焊缝宽度、角焊缝厚度等尺寸。检测器由直尺、深度卡尺和游标万能角度尺等组成，如图 3-17 所示。

图 3-17　焊缝接头尺寸检测器

6）敲渣锤。用于清除成形焊缝上焊渣的尖锤，可提高清渣效率，如图 3-18 所示。

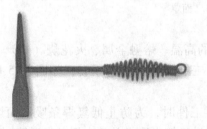

图 3-18　敲渣锤

7）钢丝刷。用来清除焊件表面的锈蚀等氧化物及油污等，如图3-19所示。

图 3-19　钢丝刷

8）高速角向砂轮机。高速角向砂轮机是一种小型电动或气动磨光机，在焊接现场应用较多，安装砂轮片后可用于焊前的坡口准备，焊后的焊缝修整、清渣等。安装杯形钢丝轮还可用来除锈，安装抛光轮则可对焊缝进行抛光，使用非常方便，如图3-20、图3-21所示。

图 3-20　高速角向砂轮机

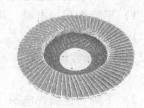

a)　　　　　　　　　　　b)　　　　　　　　　　　c)

图 3-21　高速角向砂轮机常用砂轮片、钢丝轮、抛光轮
a）砂轮片　b）钢丝轮　c）抛光轮

9）接地夹，如图3-22所示。

图 3-22　焊接用接地夹

3.2　CO_2 焊设备

半自动 CO_2 焊设备一般由焊接电源、送丝系统、供气系统、焊枪、冷却水循环系统及电气控制系统等组成，如图 3-23 所示。若加上焊接小车行走机构，即可组成相应的自动焊设备。

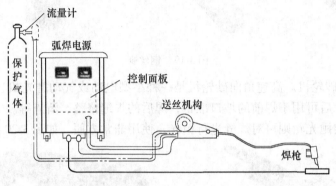

图 3-23　常见 CO_2 焊设备组成

1. 焊接电源

CO_2 焊设备一般采用直流弧焊电源及反接形式，即工件接负极，焊枪接正极的焊接方法。当焊丝直径 $\phi \leqslant 2.4mm$ 时，采用等速送丝方式和具有平特性的弧焊电源；当焊丝直径 $\phi \geqslant 3.0mm$ 时，采用变速送丝方式和具有下降特性的弧焊电源。

（1）平特性弧焊电源　用于细丝（短路过渡）焊接，配用等速送丝系统。

1）燃烧稳定。

2）焊接参数易调节。

3）避免回烧。

（2）下降特性弧焊电源　用于粗丝焊接，配用变速送丝系统。

（3）焊接电源的动特性

1）粗丝细滴过渡时，电流变化比较小，对焊接电源的动特性要求不高。

2）细丝短路过渡时，焊接电流不断变化，要求外特性品质比较高。

3）合适的短路电流增长速度。短路电流增长速度太慢，不利于熔滴过渡；短路电流增长速度太快，则飞溅严重。

4）合适的峰值电流。峰值电流过大，则焊条过热，药皮易脱落，飞溅增加；峰值电流过小，则金属熔化及过渡困难。

5）合适的电弧电压恢复速度。电弧电压恢复速度太慢，则不利于阴极电子发射和气体电离，使熔滴过渡后的电弧复燃困难。

2. 送丝系统

送丝系统通常由送丝机构（含校直机构、驱动机构、压紧装置）、送丝软管、焊丝盘等组成。图 3-24 所示为送丝机结构图。将焊丝盘装在送丝盘轴 7 上，拉动焊丝穿过校直机构 6，经过驱动机构 4，焊丝经正确的送丝轮通过送丝软管送至焊枪，实施焊接。

（1）送丝方式　常用的焊丝送进方式有推丝式、拉丝式和推拉丝式三种类型。

1）推丝式。焊枪结构简单、轻便、操作维修方便。缺点是焊丝送进的阻力较大，随着送丝软管的加长，送丝稳定性变差。广泛应用于焊丝直径为 0.8～2.0mm、送丝软管长度为 3～5m 的半自动熔化极气体保护焊中，是应用最广的送丝方式，如图 3-25a 所示。

2）拉丝式。拉丝式主要用于直径小于或等于 0.8mm 的细焊丝，主要是因为细焊丝的刚性小，采用推丝方式时容易造成送丝不稳或焊丝弯曲等现象。

拉丝式又分为两种形式，一种是焊丝盘直接装在焊枪上，如图 3-25b 所示；另一种是焊丝盘和焊枪分开，然后通过送丝软管连接起来，如图 3-25c 所示。

3）推拉丝式。此方式将推丝、拉丝两种方式结合起来，克服了推丝式焊枪操作范围小的缺点，送丝软管长度可加长到 15m 左右，如图 3-25d 所示。推动电动机是主要动力，拉丝和推丝必须很好地配合，且拉丝速度应稍微地比推丝的速度快。推拉丝式的结构复杂，调整麻烦，同时焊枪较重，因此实际应用不多。

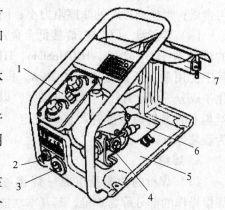

图 3-24　送丝机结构图

1—电压、电流调节面板　2—保护气体接口
3—控制电缆接口　4—驱动机构　5—机架
6—校直机构　7—送丝盘轴

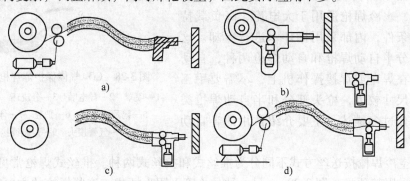

图 3-25　半自动焊机送丝方式示意图

a）推丝式　b）、c）拉丝式　d）推拉丝式

（2）送丝机构　配合弧焊电源广泛应用的 CO_2 半自动送丝机，由送丝电动机、减速装置、校直机构、驱动机构、压紧装置等组成，如图 3-26 所示。

CO_2 焊的送丝速度一般为 2～16m/min，为保证均匀、可靠地送丝，送丝轮表面加工出 V 形槽，滚轮的传动形式有单主动轮传动和双主动轮传动两种。送丝机构工作前，要依据焊丝直径调节压紧装置 8（图 3-26）的手柄至相应的压力，即保证滚轮和焊丝不打滑，使送丝均匀，又能避免压紧力过大而在焊丝表面产生压痕或使焊丝变形、阻力增大。

（3）送丝软管　送丝软管一般采用方钢丝绕

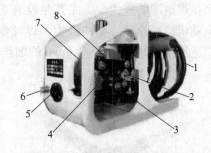

图 3-26　CO_2 半自动送丝机总成

1—弧焊电源控制电缆　2—校直机构　3—驱动
机构　4—焊枪接口　5—焊枪控制电缆接口
6—气管接口　7—送丝电动机　8—压紧装置

制，安装在焊枪的电缆中，是输送焊丝的通道。送丝软管要求内壁光滑、规整且内径尺寸均匀合适；焊丝通过时的摩擦阻力小；同时具有良好的刚性和柔韧性。

（4）焊丝盘　CO_2 中，焊接低合金钢、高强度钢的焊丝有 H08Mn2SiA、H10MnSiMo、H10Mn2SiMoA，其中使用最广泛的是 H08Mn2SiA。国家对焊丝的化学成分、焊丝直径、焊丝盘尺寸，以及缠绕在焊丝盘上的焊丝的重量有严格的规定。图 3-27 所示为盘装焊丝。

图 3-27　盘装焊丝

3. 焊枪

（1）焊枪的功能及组成　焊接过程中，执行焊接操作的部分称为焊枪，其基本功能是导电、导气、导丝。由电缆接口、一体化焊接电缆（导电、导气、导丝）、枪体（导电杆、开关等）、送丝软管、喷罩和导电嘴组成，如图 3-28 所示。

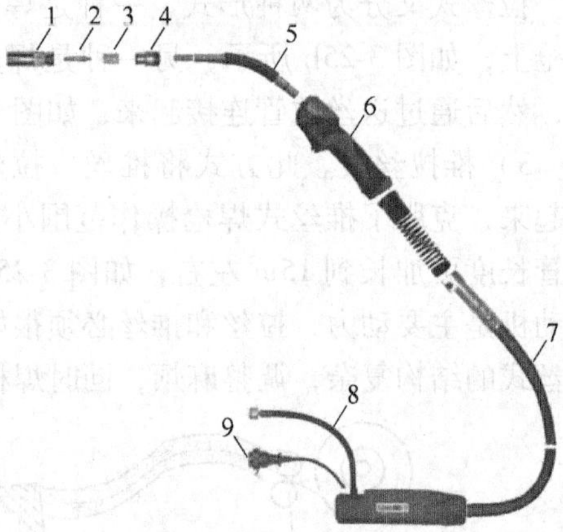

在 CO_2 气体保护焊中使用较广的有两种类型的焊枪：一种是空冷焊枪，另一种是水冷焊枪。空冷焊枪适用于低负载持续率下小于 600A 电流的焊接条件，水冷焊枪适用于大电流、高负载持续率的焊接条件，内部采用循环水进行冷却。这两类焊枪又分半自动焊枪和自动焊枪两种，自动焊枪常安装在焊车或焊接操作机上，不需要手工操作，枪体尺寸较大，枪头部分和半自动焊枪类似，这里不作过多描述，主要介绍常用的半自动空冷焊枪。

图 3-28　CO_2 气体保护焊焊枪结构图

1—喷罩　2—导电嘴　3—分流环　4—绝缘套
5—鹅颈式枪管　6—把壳　7—一体化电缆
8—气管接头　9—控制线接头

半自动空冷焊枪按送丝方式不同分为推丝式和拉丝式两种。推丝式焊枪常见的有两种：一种是枪管采用鹅颈式（图 3-29），另一种是枪管采用直柄式。这些焊枪的主要特点是结构简单、操作灵活、维修方便、使用性能良好。

拉丝式焊枪的外形如图 3-30 所示。其主要特点是一般做成手枪式、送丝均匀稳定、焊枪和弧焊电源的连线少，尤其是没有送丝软管，送丝阻力很小。但是因为送丝部分（包括微电动机、减速器、驱动机构、焊丝盘等）都安装在枪体上，造成焊枪笨重，结构复杂。通常适用于直径为 0.5~0.8mm 的细丝焊接。

图 3-29　鹅颈式枪管

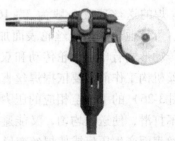

图 3-30　拉丝式焊枪外形图

（2）焊枪的喷罩和导电嘴　不同直径的焊丝应配用不同规格的导电嘴（图3-31）和喷罩（图3-32）。特别是前者在使用一段时间后，其内孔孔径变大，易导致电接触不良，使焊接稳定性变差。故导电嘴应视使用情况及时更换。

图3-31　导电嘴

图3-32　喷罩

4. 供气系统

如图3-33所示，供气系统通常由气瓶、流量计（图3-34附有减压、干燥功能；当用于 CO_2 气体保护焊时，还附有加热功能）等组成。用于混合气体保护时，系统还应包括气体配比器。

焊接用 CO_2 保护气体来源广泛，由专门生产厂提供，其纯度可高达99.5%以上。工业使用的 CO_2 保护气体都是在高压状态下，使 CO_2 气体变成液态，通常装在容量为40L的标准钢瓶内。灌入25kg的液态 CO_2 ，约占钢瓶容积的80%，其余20%左右的空间则充满汽化的 CO_2 。按照 GB 7144—1999《气瓶颜色标志》规定，灌装 CO_2 气体的钢瓶瓶身为银白色，并不得与其他颜色的钢瓶混用。

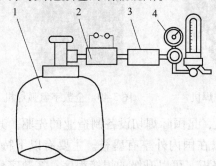

图3-33　供气系统示意图

1— CO_2 钢瓶　2—预热器　3—干燥器
4—带减压阀的流量计

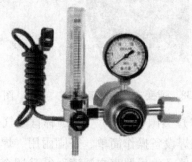

图3-34　带减压阀的流量计

使用瓶装 CO_2 时，注意设置气体预热装置。因瓶中高压气体经减压后体积膨胀时会吸收大量的热量，使减压装置周围温度急剧下降而造成结霜、结冰现象，从而阻塞气路。

5. 典型 CO_2 焊设备介绍

（1）北京"时代"　北京时代主要从事逆变焊机、大型焊接成套设备、专用焊机及数控切割机的开发、生产及销售。产品技术水平高，与国外同类产品具有较强的竞争力。在风电、锅炉、压力容器等众多行业得到了广泛应用。产品出口至俄罗斯、荷兰、澳大利亚、泰国、马来西亚、巴西、南非、以色列、印度等40多个国家。北京时代生产的产品如图3-35~图3-37所示。

图 3-35　手工直流弧焊机　　　　　图 3-36　气体保护焊机　　　　　图 3-37　全数字氩弧焊机

（2）唐山"松下"　唐山松下产业机器有限公司是由日本松下集团与唐山开元电器有限公司共同投资兴建的中日合资企业。公司完全采用日本松下先进的管理和技术，使用世界一流的制造、调试和检测设备，生产商标为"Panasonic"的各种弧焊机、电阻焊机、等离子切割机、机器人及焊接切割用产品。其产品焊接性能出色，可靠性极高，售后服务较好。唐山松下生产的产品如图 3-38 ~ 图 3-40 所示。

图 3-38　逆变式手工直流焊机　　　图 3-39　气体保护焊机　　　　　图 3-40　全数字氩弧焊机

（3）美国"林肯"　美国林肯电气公司历史悠久，是国际焊切设备制造业的先驱。其生产的弧焊设备操作简单、坚固耐用、焊接性能良好，在国内外享有盛誉。主要有以下特点：①变压器及电感器真空浸漆；②采用全树脂密封电路板，可以升级的焊接程序；③数字化电压、电流显示，故障时可显示故障码，有利于快速排除故障；④具有 IP23 的防护等级，更能适应恶劣的工作环境。其生产的产品如图 3-41 ~ 图 3-43 所示。

图 3-41　手工直流弧焊机　　　　　图 3-42　气体保护焊机　　　　　图 3-43　全数字氩弧焊机

6. 专用 CO_2 焊设备介绍

（1）减振器焊接专机　汽车的减振器能在汽车的运行过程中起到很好的缓冲效果，增强乘坐人的舒适度。正因为如此，其属于较易损坏的零件，所以减振器的生产周期应尽可能短，以满足市场的需要。某类减振器的外形如图 3-44 所示，其上弹簧盘的焊接专机如图 3-45 所示，其上托脚的焊接专机如图 3-46 所示。

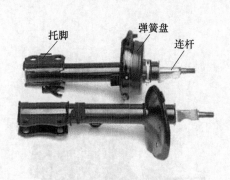

图 3-44　某类减振器外形图

图 3-45　减振器弹簧盘焊接专机

（2）传动轴焊接专机　传动轴由轴管、伸缩套和万向节组成。传动轴用于连接或装配各项配件，一般均使用轻而抗扭性好的合金钢管制成。对前置发动机后轮驱动的汽车来说，传动轴是把变速器的转动传到主减速器的轴，它可以由好几节万向节连接，如图 3-47 所示。传动轴是一个高转速、少支承的旋转体，因此它的动平衡是至关重要的。一般传动轴在出厂前都要进行动平衡试验，并在平衡机上进行调整。两种传动轴的焊接专机如图 3-48 和图 3-49 所示。

图 3-46　减振器托脚焊接专机

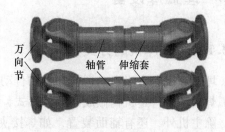

图 3-47　某类传动轴外形图

图 3-48　传动轴焊接专机（一）

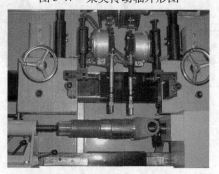

图 3-49　传动轴焊接专机（二）

（3）车轮毂辐自动焊机　车轮按照轮辐的结构分为辐板式和辐条式，目前主流的家用轿车均采用辐板式轮辐结构。它也可以根据辐条的样式不同分为五辐、六辐、八辐等几种，如图 3-50 所示。

辐板式轮毂是目前应用最为广泛的轮毂形式，它的特点是将轮毂和轮辐铸成一体，优点是质量轻、尺寸精度高，某种程度上可以明显改善车轮的空气动力学特性，从而降低一部分汽车油耗。车轮毂辐的焊接专机如图 3-51 所示。

图 3-50　不同类型的车轮毂辐

图 3-51　车轮毂辐焊接专机

3.3　埋弧焊设备

3.3.1　埋弧焊机的分类

埋弧焊设备有半自动埋弧焊机和自动埋弧焊机两大类。按照不同的工作条件，常将自动埋弧焊设备的行走机构做成不同的形式，常见的有小车式、悬挂式、车床式、悬臂式和门架式。除主机外，还有辅助装置，如焊接夹具、工件变位机构、焊枪变位装置、焊缝成形装置、焊剂回收装置、焊缝跟踪系统等。图 3-52 ~ 图 3-55 所示为一些常见的埋弧焊设备。

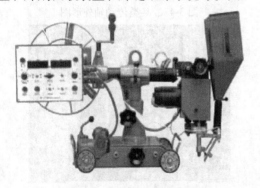

图 3-52　直缝自动埋弧焊机

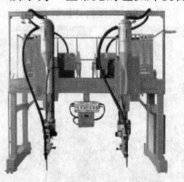

图 3-53　门架式自动埋弧焊机

图 3-54　角缝自动埋弧焊车

图 3-55　横缝自动埋弧焊机

3.3.2　埋弧焊机的组成及特点

埋弧焊机主要由焊接电源、控制系统和机械部分组成。机械部分一般包括行走机构、送丝机构、机头调整机构及焊缝指示装置、焊剂料斗和焊接辅助装置等，如图 3-56 所示。

1. 焊接电源

（1）埋弧焊对电源的基本要求　焊接电源一般采用有下降特性的电源。电源分交流和直流两种。直流电源有硅整流式、晶闸管式和逆变式三种。由于晶闸管式体积适中、效率高、运行可靠、价格低廉，被广泛采用。

（2）焊接电源的分类　用于埋弧焊的电源，一类是具有陡降外特性曲线的电源，另一类是具有缓降的或平的外特性曲线的电源。具有陡降外特性曲线的弧焊电源，

图 3-56　常用埋弧焊机

其两输出端的电压随着电流增加而急剧下降。它既有交流输出的电源，也有直流输出的电源。在变速送丝式（即电弧电压反馈自动调节系统）的埋弧焊机中必须配用这种弧焊电源。

2. 控制系统

控制系统包括电源外特性控制、送丝和小车拖动控制及焊接程序控制。大型专用焊机还包括横臂升降、收缩、回转、焊剂回收等控制系统。一般常用一控制箱来安装主要控制电器元件，但为了操作方便，其主要操作按钮安装在操作控制盒面板上，因此使用时必须按照生产厂家提供的外围接线安装图将控制线连接好。

3. 机械部分

（1）行走机构　焊车的行走机构包括驱动电动机、减速装置、传动系统、行走系统及离合器等。行走轮一般做成橡胶绝缘轮，以免焊接电流经过行走轮时引起短路现象。离合器合上时，由驱动电动机带动；离合器脱离时，可手动拖动。

（2）送丝机构　其结构与 CO_2 气体保护焊机送丝机构的结构相似，也由送丝电动机、减速装置、校直机构、驱动机构、压紧装置等组成。

（3）机头调整机构　为适应不同的焊缝形状，常将装有焊枪的机头部分安装在可沿 X、Y、Z 三轴进行调整的机构上。对于倾斜焊缝，有些机头还可沿 X、Y、Z 轴某一方向或三方向进行旋转调节。这些调节机构使用非常方便，焊接开始前，先使焊枪大约处于焊缝位置，然后通过操作控制面板上的"点送"按钮，使焊丝伸出一定的长度；焊接时，必须使焊丝处于最理想的焊缝位置，这样焊接出的焊缝既美观又能满足所要求的力学性能。为使焊丝处于最理想的焊缝位置，需将行走机构的离合器合上，固定行走机构，然后调节机头的调整机构，使焊枪处于最佳焊接位置。

（4）焊缝指示装置　为达到理想的焊接效果，需使焊枪处于最佳的焊接位置。批量或多件生产时，此过程会使生产率大大下降，为快速找到最佳焊缝位置，在机头部分安装焊缝指示装置。焊缝指示装置会始终指示出理想的焊接位置，调节时只需依照焊缝指示装置指示的焊接位置进行调节即可，大大提高了焊接质量和生产率。

（5）焊接辅助装置

1）焊接夹具。使用焊接夹具的目的在于使工件精确定位并夹紧，以便于焊接。这样可以保证焊件尺寸并且可以减小焊接变形。

2）工件变位机构。即将工件回转或倾斜，使焊接接头处于水平或船形位置的设备，可达到提高生产率、改善焊缝质量、减小劳动强度的目的，如滚轮架、变位机等。

图 3-57　焊枪摆动仪

3）焊枪变位装置。当所焊焊缝较宽时，为达到理想的焊接效果，常安装焊枪摆动仪（图 3-57）。焊接开始时，摆动仪会按照设定的程序使焊枪沿一定的轨迹作往复运动。

4）焊剂回收装置。在焊接过程中，未参与焊缝填充的焊剂会从焊道上自动脱落，为使这些焊剂能够回收再使用，常安装焊剂回收装置。该装置可将脱落的焊剂回收并使焊剂进入料斗重复使用，主要由吸嘴、管道、抽真空设备、焊剂储存装置等部分组成。

5）焊缝跟踪系统。当焊接不规则焊缝时，或产品、零件对焊缝的质量要求很高时，为达到最理想的焊接性能，焊枪在焊接过程中必须依据所焊位置进行实时调整。在焊接过程中依据不同的焊缝位置对焊枪进行实时自动调整的系统，称为焊缝跟踪系统，如图 3-58 和图 3-59 所示。

焊缝跟踪系统一般由视觉传感器、电气控制系统、机械执行机构组成。具有以下特点：①跟踪焊缝形状，修正焊枪位置，形成标准焊道；②控制精度高，响应速度快；③可编程序控制器具有多种控制功能；④焊缝偏差超范围报警。

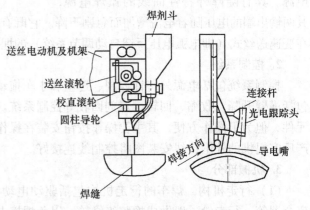

图 3-58　环形焊缝跟踪系统结构图

图 3-59　焊缝跟踪系统外形图

3.4　弧焊电源

3.4.1　弧焊电源的分类

各种电弧焊方法所需的供电装置，即弧焊电源，是电弧焊机的重要组成部分，是对焊接电弧供给电能的装置，它应满足电弧焊所要求的电气特性。弧焊电源电气性能的优劣，在很大程度上决定了电弧焊机焊接过程的稳定性。没有先进的弧焊电源，先进的焊接工艺和焊接过程自动化是难以实现的。

弧焊电源的种类很多，其分类方法也不尽相同。按弧焊电源输出的焊接电流波形的形状，可将弧焊电源分为交流弧焊电源、直流弧焊电源和脉冲弧焊电源三类。每种类型的弧焊电源根据其结构特点不同又可分为多种形式，如图 3-60 所示。

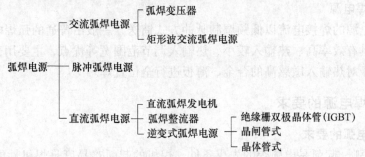

图 3-60　弧焊电源的种类

3.4.2　常见弧焊电源的特点和用途

1. 交流弧焊电源

交流弧焊电源包括弧焊变压器、矩形波交流弧焊电源两种。

（1）弧焊变压器　它把电网的交流电变成适合于电弧焊的低电压交流电，主要由变压器、电抗器及外围控制电路等组成。弧焊变压器具有结构简单、易造易修、成本低、磁偏吹小、空载损耗小、噪声小等优点。但其输出电流波形为正弦波，因此，电弧稳定性较差，功率因数低，一般用于焊条电弧焊、埋弧焊和钨极惰性气体保护电弧焊等方法。

（2）矩形波交流弧焊电源　它是利用半导体控制技术来获得矩形交流电流的。由于输出电流过零点时间短，因此电弧稳定性好，正负半波通电时间和电流比值可以自由调节，此特点适合于铝及铝合金钨极氩弧焊。

2. 直流弧焊电源

（1）直流弧焊发电机　一般由特种直流发电机、电气装置、调节装置和指示装置等组成。按驱动动力的不同，直流弧焊发电机可分为两种：以电动机驱动并与发电机组成一体的，称为直流弧焊电动发电机；以柴（汽）油驱动并与发电机组成一体的，称为直流弧焊柴（汽）油发电机。它与弧焊整流器相比，制造复杂、噪声及空载损耗大、效率低、价格高，但其抗过载能力强，输出脉动小，受电网电压波动的影响小，适用于偏远施工地区或无外电网供电的区域。一般用于碱性焊条电弧焊。

（2）弧焊整流器　是由变压器、整流器及为获得所需外特性的控制电路、调节装置、指示装置等组成的。它把电网交流电经降压整流后获得直流电。与直流弧焊发电机相比，它具有制造方便、价格低、空载损耗小、噪声小等优点，而且大多数弧焊整流器可以通过遥控盒远距离调节焊接参数，能自动补偿电网电压波动对输出电压和电流的影响，焊接性能突出。它可作为各种弧焊方法的电源。

（3）逆变式弧焊电源　它是目前较新型的弧焊电源。通常说的整流是将单相（或三相）交流电变成直流的电气控制过程，而逆变却与整流的电气控制方法相反，它把单相（或三相）交流电经整流后，转变为几百至几万赫兹的中频交流电，降压后输出交流或直流电。整个过程由电子电路控制，以使电源获得符合要求的外特性和动特性。它具有高效节能、重量轻、体积小、功率因数高等优点，可应用于各种弧焊方法，是一种很有前途的普及型弧焊电源。国内外各电焊机厂家的数字焊机都采用这种弧焊电源，如林肯、米勒、伊萨、唐山松下、熊谷、山东奥太、瑞凌等。

3. 脉冲弧焊电源

脉冲弧焊电源的焊接电流以低频调制脉冲方式馈送，一般由普通的弧焊电源与脉冲发生电路组成。它具有效率高、热输入较小、热输入调节范围宽等优点，主要用于氩弧焊和等离子弧焊，适合于对热输入敏感高的合金、薄板进行全位置焊。

3.4.3　对弧焊电源的要求

1. 焊接对电弧的要求

1）方便起弧。起弧是电弧焊的先决条件。焊机的起弧难易度是焊机性能的主要参数之一，能否方便起弧决定了焊机性能的优劣，且起弧的难易也直接影响焊接的效果。

2）电弧放电稳定。稳定燃烧的电弧是良好焊接的保障。电弧是一种气体放电形式，良好的气体氛围和稳定的输出电流是保持电弧稳定的重要条件。一般而言，焊条电弧焊所需气体氛围由焊条上的药皮受热产生，埋弧焊则由颗粒状焊剂层受热产生，而氩弧焊、CO_2 气体保护焊则由随机的气体钢瓶提供。

3）弧长可在一定范围内变化。由于焊接是一个动态过程，焊条的燃烧、抖动使焊条与工件间的距离不可避免地发生改变，要持续焊接并达到良好的焊接效果，就不能让电弧熄灭，即要求电弧的长度在一定的距离范围内改变时电弧不熄灭。正常的焊接要求电弧长度为 $H = (0.5 \sim 1)\phi$（ϕ 为焊条直径）。

4）电弧大小可选择。电弧大小是指焊接时的电压及电流大小。所需电弧的大小是由工件的厚度及工艺要求等因素决定的。为了适应不同工件及不同工艺的要求，要求电弧的大小可以调节。

2. 对弧焊电源的一般要求

弧焊电源的负载是电弧，要形成符合焊接要求的电弧，弧焊电源要满足以下要求：

1）较大的短路电流和较高的空载电压。起弧时，电流越大、空载电压越高，越容易起弧。弧焊电源要保证起弧容易。起弧时，需要焊条或焊丝与工件接触，因两者之间往往存在锈蚀、油污等杂质，所以需要高的空载电压以击穿接触面，实现导通。但在保证起弧容易和电弧稳定燃烧的同时，要尽可能采用低的空载电压。

一般，交流弧焊电源 $U_0 = 55 \sim 70V$，直流弧焊电源 $U_0 = 45 \sim 85V$。

2）输出电流稳定。目的是保持电弧的稳定燃烧，从而达到良好的焊接效果。即要求弧焊电源有很好的动特性，当负载变化时，弧焊电源输出的电压和电流能及时响应，做出动态调整。

3）具有较宽的电压跟随能力。当弧长变化时，焊接电压会产生较大变化，这要求弧焊电源具有较宽的电压调节能力，以保证电弧长度改变时电弧不熄灭。

4）输出电流可调节。依据不同的焊接工况、工件、规范，对弧焊电源的电压、电流做出调整，以满足不同要求下的焊接需求。

5）具备完善的自我保护系统。焊机的工作环境恶劣，完善的自我保护系统是保证焊机安全、人身安全的重要保障。

3.4.4　弧焊电源的选择

弧焊电源是决定弧焊机性能的关键部分；应根据不同的焊接对象、焊接方法和焊接参数合理选择，才能充分发挥其工作性能，保证焊接过程正常顺利进行，并获得良好的焊接质量和经济效益。

弧焊电源可分为交流、直流两大类，其主要区别见表 3-2。

1. 弧焊电源类型的选择

（1）按焊接方法选择弧焊电源

1）焊条电弧焊。焊条电弧焊的电弧工作在静特性曲线的水平段，所以应采用具有下降外特性的弧焊电源。

2）埋弧焊。埋弧焊的电弧工作在静特性曲线的水平段或略上升段。所以在等速送丝时，选用具有较平缓下降外特性的弧焊电源；在变速送丝时，则选用具有陡降外特性的弧焊电源。

3）氩弧焊。钨极氩弧焊应选用具有陡降外特性或恒流外特性的交流弧焊电源或直流弧焊电源。

除焊接铝、镁及其合金时，为清除表面致密的氧化膜并减轻钨极烧损，需采用交流弧焊电源；焊接其他非铁金属、钢铁金属、不锈钢时，一般采用直流弧焊电源，并采用直流正接（工件接正极）。

对于熔化极氩弧焊，应选用具有平外特性（等速送丝）或下降外特性（变速送丝）的弧焊整流器、弧焊逆变器等。对于较高要求的氩弧焊，如 1mm 以下薄板的焊接，可选用脉冲弧焊电源。

4）CO_2 气体保护焊。CO_2 气体保护焊一般选用具有平外特性或缓降外特性的弧焊整流器、弧焊逆变器等，一般采用直流反接。

5）等离子弧焊。等离子弧焊一般采用非熔化极，应选用具有陡降外特性或垂直陡降外特性的直流弧焊电源。

表 3-2　不同弧焊电源对比

项　目	交　流	直　流	项　目	交　流	直　流
电弧的稳定性	差	好	构造与维修	简单	复杂
磁偏吹	很小	较大	成本	低	高
极性	无	有	供电	一般单相	一般三相
空载电压	较高	较低	触电危险	较大	较小
噪声	不大	较小	重量	较重	较轻

（2）从经济、节能、环保角度考虑选择弧焊电源

1）经济方面。由于交流弧焊电源具有结构简单、成本低、易维护、使用方便等优点，因此在满足使用性能及保证产品质量的前提下，应优先选用交流弧焊电源。

2）节能、环保方面。由于电弧焊是高能耗领域，所以在条件允许的情况下，尽可能选用高效节能、环保的弧焊电源。随着电力电子器件的不断发展和成熟，弧焊逆变器得到越来越广泛的应用，和普通弧焊电源相比，弧焊逆变器具有高效节能、体积小、重量轻和良好的动特性等优点，且对环境噪声污染小。

2. 弧焊电源功率的选择

1）根据额定电流粗略估计。焊接设备铭牌中焊接电源型号后面的数字表示额定电流，可根据该电流值确定弧焊电源是否满足要求。一般这种方法对于焊条电弧焊来说比较适用，只要实际焊接电流值小于额定电流值即可。

2）根据负载持续率确定许用焊接电流。弧焊电源的输出功率（电流值），主要由其发热值确定。因而，在弧焊电源的相关标准中对不同的绝缘等级规定了相应的允许温升。弧焊电源的温升除取决于焊接电流大小外，还与负载状态有关。弧焊电源的负载持续率是用来表示焊接电源工作状态的参数，它表示在选定的工作时间周期内，允许焊接电源连续使用的时间$\left(\text{公式为 } FS = \dfrac{\text{负载运行持续时间}}{\text{负载选定工作周期}} \times 100\% = \dfrac{t}{T} \times 100\%\right)$。

在额定负载持续率下，以额定焊接电流工作时，弧焊电源不会超过它的允许温升。当实际的负载持续率比额定负载持续率大时，许用的焊接电流应比额定电流小；反之亦然。

3.4.5　弧焊电源的安装使用

1. 附件的选择

弧焊电源的主回路中除包括主机外，还包括电缆线、熔断器、开关等附件。

（1）电缆的选择　电缆包括从电网到弧焊电源的动力线和从弧焊电源到焊件、焊钳的焊接电缆。

1）动力线的选择。选用耐压为交流 500V 的电缆。对单芯铜电线，按电流密度为 5 ~ 10A/mm^2 选择导线截面；对于多芯电缆或长度较大（大于 30m）时，按电流密度为 3 ~ 6A/mm^2 选择导线截面。

2) 焊接电缆的选择。应选用专用焊接电缆。当焊接电缆长度小于 20m 时，按电流密度为 4~10A/mm² 选择导线截面。一般来说，电缆的压降不宜超过额定工作电压的 10%。

（2）熔断器的选择　熔断器是防止过载或短路最常用的保护电器。常用的有管式、插式和螺旋式等。熔断器内装有熔丝，是用低熔点合金材料制成的，当电路过载或短路时，熔丝熔断，切断电路。

熔断器的选择主要是选择熔丝。熔断器的额定电流应不小于熔丝的额定电流。

（3）开关的选择　开关是把弧焊电源接在电网电源上的低压联接电器，主要用于电路隔离及不频繁地接通或分断电路。常用的开关有胶盖瓷底刀开关、封闭式负荷开关和断路器等。

对于弧焊变压器、弧焊整流器和弧焊逆变器等焊接电源，开关的额定电流应不小于弧焊电源的一次额定电流。

2. 弧焊电源的安装

（1）弧焊整流器、弧焊逆变器及晶体管弧焊电源的安装

1) 安装前的检查。新的或长期放置未用的弧焊电源，在安装前必须检查绝缘情况，可用 500V 兆欧表测定其绝缘电阻。一般弧焊整流器的电源回路对机壳的绝缘电阻应不小于 1MΩ，焊接回路对机壳的绝缘电阻应不小于 0.5MΩ，一、二次绕组间绝缘电阻应不小于 1MΩ。

安装前，应检查电源内部是否有损坏，各接头处是否拧紧，有无松动现象。

2) 安装注意事项。

①电网电源功率是否够用，开关、熔断器和电缆选择是否正确，电缆的绝缘是否良好。

②弧焊电源与电网间应装有独立开关和熔断器。

③动力线和焊接电缆线的导线截面和长度要合适，以保证在额定负载时动力线电压降不大于电网电压的 5%，焊接回路电压线的总压降不大于 4V。

④机壳接地或接零。若电网电源为三相四线制，应将机壳接到中性线上；若为不接地的三相制，则应将机壳接地。

⑤采用防潮措施。

⑥安装在通风良好的干燥场所。

⑦弧焊整流器通常都装有风扇，用于对硅元件和绕组进行通风冷却，接线时一定要保证风扇转向正确。通风窗与阻挡物间距不应小于 300mm，以使内部热量顺利排出。

（2）弧焊变压器的安装　接线时，要注意出厂铭牌上所标的一次电压数值（有 380V、220V，也有 380V 和 220V 两用）与电网电压是否一致。

3. 弧焊电源的使用

1) 使用前，应仔细阅读产品使用说明书，了解其性能。然后按使用说明书和相关标准对弧焊电源进行检查，确保无明显问题后方可使用。

2) 焊前应仔细检查弧焊电源各部分接线是否正确，接头是否拧紧，气体保护焊气路、水循环冷却系统是否畅通。电源外壳应接地良好，以保证安全，防止过热。

3) 弧焊电源应在切断电源的条件下方可搬运、移动，且应避免振动。进行焊接时，不得移动弧焊电源。

4) 空载时，应听一听弧焊电源声音是否正常，冷却风扇是否正常鼓风。

5）不得随意打开机壳顶盖，以防异物跌入或焊接时降低风冷效果，损伤或烧坏元件。

6）应在空载时起动或调节电流，不允许过载使用或长期短路，以免烧坏弧焊电源。

7）应在铭牌规定的电流调节范围内及相应的负载持续率下工作，以防温度过高烧坏绝缘，缩短使用寿命。

8）在使用弧焊整流器、弧焊逆变器时，应注意对硅元件的保护和冷却，应避免磁饱和电抗器振动、撞击。当硅元件损坏时，应及时更换后再使用。在使用弧焊逆变器时，应注意对电力电子元器件的保护，防止被击穿。

9）应建立必要的管理制度，并按制度进行保养、检修。机件应保持清洁，机体上不得堆放杂物，以防短路或损坏机体。弧焊电源的使用场所应保证干燥、通风。

10）设备使用完毕后应切断网路电源。当发现问题时，应立即切断网路电源，并及时维修。

练习与思考

1. 对焊条电弧焊的设备有哪些要求？

2. 焊条电弧焊的种类有哪些？分别有什么特点？

3. 焊接工艺装备及辅助设备有哪些？

4. CO_2 气体保护焊有哪些设备？有什么特点？

5. 对 CO_2 气体保护焊的设备有哪些要求？

6. 埋弧焊设备有哪些分类？

7. 埋弧焊机的组成及特点是什么？

8. 影响电弧稳定的因素有哪些？

9. 如何选择弧焊电源？

10. 弧焊电源在使用时应注意什么？

教学单元4　焊 接 材 料

【教学目标】

1）了解焊条、焊丝、埋弧焊焊剂的基本知识及其选用。

2）了解焊接材料的发展。

4.1　焊条基本知识及其选用

4.1.1　焊条的组成

焊条电弧焊使用的焊条（图4-1）由焊芯和药皮组成。

焊芯是焊接专用的金属丝，是组成焊缝金属的主要材料。焊芯的作用：一是导电，产生电弧；二是熔化后作为填充金属与熔化后的母材一起形成焊缝。

我国目前常用的碳素结构钢焊芯牌号有 H08、H08A、H08MnA。焊条的直径用焊芯直径表示，常用的直径有 2.5mm、3.2mm、4.0mm、5.0mm，长度一般为 350～450mm。

焊条药皮是由矿石粉和铁合金粉等原料按一定比例配制压涂在焊芯表面的涂料层。药皮的主要作用是：

1）改善焊接工艺性。药皮可使电弧容易引燃并保持电弧稳定燃烧，容易脱渣，焊缝成形良好。

2）提高焊缝的力学性能。通过药皮在熔池中的化学冶金作用去除有害杂质（氧、氢、硫、磷等），同时补充有益的合金元素，改善焊缝的质量。

3）保护熔池和焊缝金属。药皮在高温电弧作用下分解产生大量气体，并形成熔渣，隔离空气和焊缝，防止金属烧损和氧化。

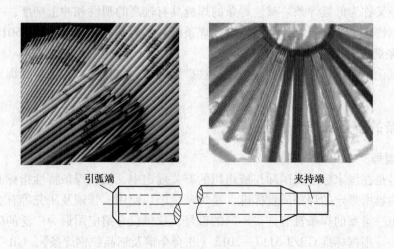

引弧端　　　　　　　　　　　　　　　夹持端

图4-1　焊条

4.1.2　焊条的分类

1. 按用途分类

按照用途焊条可以分为如下 11 类：

1）碳钢焊条。

2）低合金钢焊条。与碳钢焊条通称为结构钢焊条，主要用于焊接碳钢和低合金高强钢。

3）钼和铬钼耐热钢焊条。这类焊条在国家标准中多数属于低合金钢焊条，小部分属于不锈钢焊条。主要用于焊接珠光体耐热钢和马氏体耐热钢。

4）低温钢焊条。这类焊条大部分属于低合金钢焊条。主要用于焊接在低温下工作的结构，其熔敷金属具有不同的低温工作性能。

5）不锈钢焊条。其中又可细分为铬不锈钢焊条和铬镍不锈钢焊条。主要焊接不锈钢和热强钢。

6）堆焊焊条。主要用于堆焊，以获得具有热硬性、耐磨性及耐蚀性的堆焊层。

7）铸铁焊条。主要用于焊补铸铁构件。

8）镍及镍合金焊条。主要用于焊接镍及高镍合金，也可用于异种金属的焊接及堆焊。

9）铜及铜合金焊条。主要用于焊接铜及铜合金，其中包括纯铜焊条和青铜焊条两类。

10）铝及铝合金焊条。主要用于焊接铝及铝合金。

11）特殊用途焊条。这类焊条主要用于特殊环境或特殊材料的焊接，如水下、铁锰铝合金焊接及堆焊高硫滑动摩擦面等。

2. 按熔渣碱度分类

1）酸性焊条。它是药皮中含有多量酸性氧化物的焊条。这类焊条的工艺性能好，其焊缝外表成形美观、波纹细密。由于药皮中含有较多的 FeO、TiO_2、SiO_2 等成分，所以熔渣的氧化性强。酸性焊条一般均可采用交、直流电源施焊。典型的酸性焊条为 E4303（J422）。

2）碱性焊条。它是药皮中含有多量碱性氧化物的焊条。由于焊条药皮中含有较多的大理石、萤石等成分，它们在焊接冶金反应中生成 CO_2 和 HF，因此降低了焊缝中的含氢量。所以碱性焊条又称为低氢焊条。碱性焊条的焊缝具有较高的塑性和冲击韧度，一般承受动载荷的焊件或刚性较大的重要结构均采用碱性焊条施焊。典型的碱性焊条为 E5015（J507）。

3. 按焊条药皮分类

可分为氧化钛型焊条、钛钙型焊条、钛铁矿型焊条、氧化铁型焊条、纤维素型焊条和低氢型焊条等。

4.1.3　焊条的型号及牌号

1. 焊条型号

焊条型号是在国家标准及国际权威组织的有关规定中，根据焊条特性指标而明确规定的代号。代号内容所规定的焊条质量标准，是焊条生产、使用、管理及研究等有关单位必须遵照执行的。每一类型的焊条都有许多不同的型号，这里仅介绍应用最为广泛的碳钢焊条的型号及编制方法。根据标准 GB/T 5117—2012《非合金钢及细晶粒钢焊条》、GB/T 5118—2012《热强钢焊条》，碳钢焊条型号以字母"E"加四位数字组成，即 E××××，"E"表示焊条，前面两个数字表示熔敷金属的最低抗拉强度；第三位数字表示适用的焊接位置，"0"和"1"表示适用于全位置焊接（平焊、立焊、横焊和仰焊），"2"表示焊条适用于平焊和平角焊；第三位和第四位数字组合时，表示焊接电流种类和药皮类型，如"03"表示钛钙型药皮，交、直流两用；"05"表示低氢型药皮，只能用直流电源（反接法）焊接。例如，E4315 焊条各部分含义为

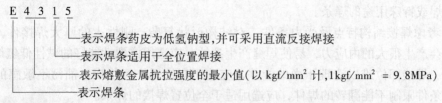

2. 焊条牌号

焊条牌号是焊条生产厂家所制定的代号。这样，易造成同一型号焊条出现了不同生产厂家的若干个牌号。为了管理方便，改变混乱现象，由国家权威部门规定了统一牌号编制原则，即焊条牌号由代表焊条用途的字母及后缀三位数字组成。牌号最前面的字母表示焊条各大类；第一、二位数字表示各大类焊条中的若干小类，例如，对于结构钢焊条则表示焊缝金属的不同强度级别；第三位数字表示焊条药皮类型和焊接电源种类。例如，J507 焊条各部分含义为

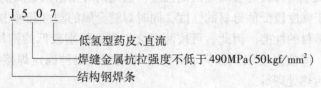

目前应用较多的代表用途的字母见表 4-1。

表 4-1　焊条牌号代表字母

焊条类别	代表字母	焊条类别	代表字母
结构钢焊条 （碳钢焊条、低合金钢焊条）	J（结）	低温钢焊条	W（温）
		铸铁焊条	Z（铸）
钼及铬钼耐热钢焊条	R（热）	镍及镍合金焊条	Ni（镍）
铬不锈钢焊条	G（铬）	铜及铜合金焊条	T（铜）
铬镍不锈钢焊条	A（奥）	铝及铝合金焊条	L（铝）
堆焊焊条	D（堆）	特殊用途焊条	TS（特殊）

4.1.4　焊条选用基本要点

焊条须在确保焊接结构安全、可靠使用的前提下，根据被焊材料的化学成分、力学性能、板厚及接头形式、焊接结构特点、受力状态、结构使用条件对焊缝性能的要求、焊接施工条件和技术经济效益等条件，有针对性地选用，必要时还需进行焊接性能试验。

1. 同种钢材焊接时焊条的选用

（1）考虑焊缝金属力学性能和化学成分　对于普通结构钢，通常要求焊缝金属与母材等强度，应选用熔敷金属抗拉强度等于或稍高于母材的焊条。对于合金结构钢，有时还要求合金成分与母材相同或接近。在焊接结构刚性大、接头应力高、焊缝易产生裂纹的不利情况

下，应考虑选用比母材强度低的焊条。当母材中碳、硫、磷等元素的含量偏高时，焊缝容易产生裂纹，应选用抗裂性能好的碱性低氢型焊条。

（2）考虑焊接构件使用性能和工作条件　对承受动载荷或冲击载荷的焊件，除满足强度要求外，主要应保证焊缝金属具有较高的冲击韧度和塑性，可选用塑、韧性指标较高的低氢型焊条。在高温、低温、耐磨或其他特殊条件下工作的焊接件，应选用相应的耐热钢、低温钢、堆焊或特殊用途的焊条。

（3）考虑焊接结构特点及受力条件　对结构形状复杂、刚性大的厚大焊接件，由于焊接过程中会产生很大的内应力，易使焊缝产生裂纹，应选用抗裂性能好的碱性低氢焊条。对受力不大、焊接部位难以清理干净的焊件，应选用对铁锈、氧化皮、油污不敏感的酸性焊条。对受条件限制不能翻转的焊件，应选用适于全位置焊接的焊条。

（4）考虑施工条件和经济效益　在满足产品使用性能要求的情况下，应选用工艺性好的酸性焊条。在狭小或通风条件差的场合，应选用酸性焊条或低尘焊条。对焊接工作量大的结构，有条件时应采用高效率焊条，如铁粉焊条、高效率重力焊条等，或选用底层焊条、向下立焊条之类的专用焊条，以提高焊接生产率。

2. 异种钢焊接时焊条的选用

（1）强度级别不同的碳钢＋低合金钢（或低合金钢＋低合金高强钢）　一般要求焊缝金属或接头的强度不低于两种被焊金属的最低强度，选用的焊条熔敷金属的强度应能保证焊缝及接头的强度不低于强度较低侧母材的强度，同时焊缝金属的塑性和冲击韧度应不低于强度较高而塑性较差侧母材的性能。因此，可按两者之中强度级别较低的钢材选用焊条。但是，为了防止焊接裂纹，应按强度级别较高、焊接性能较差的钢种确定焊接工艺，包括焊接规范、预热温度及焊后热处理等。

（2）低合金钢＋奥氏体不锈钢　应按照对熔敷金属化学成分限定的数值来选用焊条，一般选用铬和镍含量较高的、塑性和抗裂性较好的 Cr25-Ni13 型奥氏体钢焊条，以避免因产生脆性淬硬组织而导致的裂纹，但应按焊接性能较差的不锈钢确定焊接工艺规范。

（3）不锈复合钢板　应考虑对基层、复层、过渡层的焊接要求选用三种不同性能的焊条。对基层（碳钢或低合金钢）的焊接，选用相应强度等级的结构钢焊条；复层直接与腐蚀介质接触，应选用相应成分的奥氏体不锈钢焊条；关键是过渡层（即复层与基层交界面）的焊接，必须考虑基体材料的稀释作用，应选用铬和镍含量较高、塑性和抗裂性较好的 Cr25-Ni13 型奥氏体钢焊条。

4.2　焊丝基本知识及其选用

在焊接过程中，焊丝不仅作为产生电弧的一个电极，同时还起着填充金属的作用。在焊接热源的作用下，焊丝受热熔化，以熔滴的形式进入熔池，并与熔化了的母材共同组成焊缝。

焊丝（图 4-2）可分为实芯焊丝和药芯焊丝。

常用的实芯焊丝有 H08A、H08MnA、H10Mn2、H08MnSi、H08Mn2SiA 等。

药芯焊丝（图 4-3）是用薄钢带卷成圆形或异形钢管，内填一定成分的药粉，经拉制成的有缝药芯焊丝，或用钢管填满药粉拉制成的无缝药芯焊丝。用这种焊丝焊接熔敷效率高，对钢材适应性好，试制周期短，因而其使用量和使用范围不断扩大。这种焊丝主要用于 CO_2 气体保护焊、埋弧焊和电渣焊。药芯焊丝中的药粉成分一般与焊条药皮相似。用含有造渣、造气和稳弧成分的药芯焊丝焊接时不需要保护气体，称自保护药芯焊丝，适用于大型焊接结构工程的施工。常用的药芯焊丝有Ⅱ-71、DWS-43G、TWE-711 等。

图4-2　焊丝

 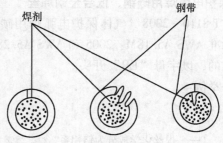

图4-3　药芯焊丝及其截面形状

焊丝的型号和牌号可以用来反映焊丝的主要性能特征及类别。焊丝的型号是以国家标准（或相应组织制定的标准）为依据，反映焊丝主要特性的一种表示方法，不同类型的焊丝，其型号表示方法有所不同。牌号是对焊丝产品的具体命名，可以由生产厂制定，也可由行业组织统一命名，即制定全国焊材行业统一牌号，但都必须按照国家标准要求，在产品样本或包装标签上注明该产品是"符合 GB×× 型"、"相当 GB×× 型"，或不加标注（即与国标不符），以便用户结合产品性能要求、对照标准去选用。每种焊丝产品只有一个牌号，但多种牌号的焊丝可以同时对应于一种型号。

4.2.1　实芯焊丝的型号和牌号

1. 常用结构钢、耐热钢及不锈钢实芯焊丝

除气体保护焊用碳钢及低合金钢焊丝外，根据 GB/T 14957—1994《熔化焊用钢丝》、GB/T 5293—1999《埋弧焊用碳钢焊丝和焊剂》、GB/T 17854—1999《埋弧焊用不锈钢焊丝和焊剂》及 YB/T 5092—2005《焊接用不锈钢丝》的规定，实芯焊丝的牌号都是以字母"H"开头，后面为元素符号及数字（表示该元素的近似含量）。

具体编制方法为：

1）字母"H"表示焊丝。

2）在"H"之后的一位或两位数字表示含碳量（质量分数）。

3）化学元素符号及其后的数字表示该元素的近似含量，当某合金元素质量分数低于1%时，可省略数字，只记元素符号。

4）在焊丝牌号尾部标有"A"或"E"时，分别表示为"优质品"或"高级优质品"，表明 S、P 等杂质含量更低。

焊丝牌号举例：

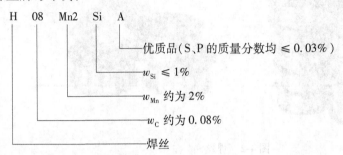

2. 气体保护电弧焊用碳钢、低合金钢焊丝

根据 GB/T 8110—2008《气体保护电弧焊用碳钢、低合金钢焊丝》的规定（该国标等效采用美国标准 AWS A5.18M：2005 和 AWS A5.28M：2005），焊丝的型号是按强度级别和成分类型命名的，以字母"ER"开头。

焊丝型号举例：

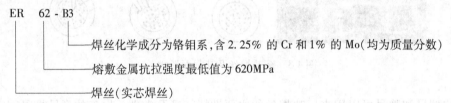

4.2.2　药芯焊丝的牌号

药芯焊丝的型号根据用途可分为碳钢药芯焊丝的型号、低合金钢药芯焊丝的型号、不锈钢药芯焊丝的型号等，这里就不再详细介绍，可在后续的课程或相关资料中了解。

生产中常用药芯焊丝的牌号来表示所用的药芯焊丝。药芯焊丝牌号的编制方法：

1）首位字母"Y"表示药芯焊丝，第二位字母及其后的三位数字的含义与焊条牌号表示方法相同。

2）第二位字母表示药芯焊丝的主要用途，如"J"为结构钢；"A"、"G"分别表示奥氏体铬镍不锈钢和铬不锈钢；"R"为耐热钢；"D"为堆焊。

3）字母后面的三位数字中的前两位数字表示熔敷金属特性（力学性能或化学成分分类），第三位数字表示渣系和电流种类，如"1"为氧化钛型渣系，"2"为氧化钛钙型渣系，"7"为碱性（低氢钠型）渣系。

4）当药芯焊丝有特殊性能和用途时，则在数字后面加注起主要作用的元素或表示主要用途的字母（一般不超过两个）。

5）在短划"-"后的数字，表示焊接时的保护类型。

药芯焊丝的牌号举例：

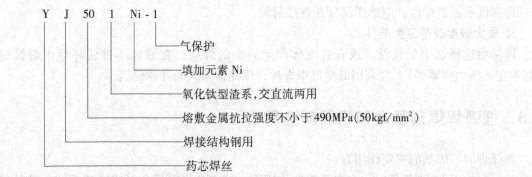

药芯焊丝牌号作为一种商品的代号，通常由生产厂自行编制，如 E71T-1 型药芯焊丝，日本"神钢"牌号为 DW-100，韩国"现代"牌号为 Supercord 71。在我国，过去为了方便用户选用，曾制订了统一牌号，如 YJ501-1，但目前，随着市场经济的发展，各厂又陆续开始编制自己的产品牌号。有的在统一牌号前面冠以企业名称代号，如 AT-YJ507-1（安泰），PK-YJ507-1（北京）；有的则另行编制，如 SF50（上海），SQJ507（天津三英）等。

4.2.3 焊丝选用基本要点

1. 强度与性能相当原则

对于碳钢及低合金高强度钢的焊接，一般应选择与母材强度相当的焊接材料，即按"等强度"原则选择焊丝。必须综合考虑焊缝金属的韧性、塑性及强度，只要焊缝的强度或焊接接头的实际强度不低于产品要求即可。低温用钢、耐蚀钢及镀层钢焊接时，选用的焊接材料还应保证焊缝金属具有相应的特殊性能（如低温、高温性能及耐蚀性等）。

2. 结合具体工艺条件

（1）坡口和接头形式的影响　采用同一焊接材料焊同一钢种时，如果坡口形式不同，则焊缝性能各异。如用 HJ431 焊剂进行 16Mn 钢埋弧焊不开坡口直边对接焊时，由于熔合比较大，将有部分合金元素从母材溶入焊缝金属，此时采用合金成分较低的 H08A 焊丝配合 HJ431，即可满足焊缝的力学性能要求；但焊接 16Mn 钢厚板开坡口对接接头时，如仍用 H08A + HJ431 组合，则因熔合比小，而使焊缝强度偏低，此时应采用合金成分较高的 H08MnA、H10Mn 等焊丝与 HJ431 相配合。

（2）考虑焊后加工工艺　对于焊后经受热卷或热处理的焊件，必须考虑焊缝金属经受高温热处理后对其力学性能的影响，即应保证焊缝热处理后仍具有所要求的强度、塑性和韧性。如一般正火处理后的焊缝强度要比焊态时低，因此对于在焊后要经受正火处理的焊缝，应选用合金成分较高的焊接材料。如焊件焊后要进行消除应力热处理，一般焊缝金属的强度将降低，这时也应选用合金成分较高的焊接材料。

3. 考虑焊缝拘束度

中厚板全位置焊最好采用熔渣型药芯焊丝，适应的钢种与实芯焊丝同样广泛，但是抗裂性稍差。对于非常重视抗裂性的场合，应选用超低氢金属粉型药芯焊丝，以提高抗裂性能，降低预热温度。对于厚板、大拘束度焊件，第一层打底焊缝最容易产生裂纹，此时可选用强度稍低、塑性及韧性良好的低氢或超低氢焊接材料。

4. 考虑焊接产品的特殊要求

如海上采油平台、压力容器及船舶等，为确保产品使用的安全性，焊缝应具有优良的低温冲击韧度和断裂韧度，应选用高韧性焊接材料。

5. 最大限度改善卫生条件

即尽量选择烟尘量较低，或有害气体产生较少的焊丝，在通风不良的环境中焊接时（如船仓、压力容器等），宜采用低尘低毒焊丝，以保证工人的身体健康。

4.3　埋弧焊焊剂基本知识及其选用

埋弧焊时，焊剂的主要作用有：

1）保护作用。埋弧焊时，在电弧热的作用下，使部分焊剂熔化形成熔渣并产生某种气体，从而有效地隔绝空气，保护熔滴、熔池和焊接区，防止焊缝金属和合金元素的烧损，并使焊接过程稳定。

2）冶金作用。即在焊接过程中起脱氧和渗合金的作用。通过与焊丝的恰当配合，使焊缝金属获得满足要求的化学成分和力学性能。

3）改善焊接工艺性能。即使电弧稳定地连续燃烧，焊缝成形美观。为保证焊接质量，对焊剂的基本要求是：①具有良好的稳弧作用，保证电弧的稳定燃烧；②具有合适的熔点，其熔渣具有适中的粘度，保证焊缝成形良好，焊后有良好的脱渣性；③S、P的含量低，对油、锈等其他杂质的敏感性小，以保证焊缝中不产生裂纹和气孔等缺陷；④具有适当的粒度，其颗粒具有足够的强度，吸湿性小，以便多次使用；⑤在焊接过程中不产生有害气体。

4.3.1　埋弧焊焊剂的分类

埋弧焊焊剂（图4-4）可按用途、化学成分、制造方法、物理特性及颗粒结构等进行分类。我国目前主要是按制造方法和化学成分分类的。

1. 按用途分类

焊剂按适于焊接的钢种可分为碳钢埋弧焊焊剂、合金钢埋弧焊焊剂、不锈钢埋弧焊焊剂、铜及铜合金埋弧焊焊剂、不锈钢及镍基合金埋弧堆焊用焊剂；按适用的焊丝直径分为细焊丝（$\phi1.6 \sim \phi2.5\,mm$）埋弧焊焊剂和粗焊丝埋弧焊焊剂；按焊接位置可分为平焊位置埋弧焊焊剂和强迫成形焊剂；按特殊的用途可分为高速埋弧焊焊剂、窄间隙埋弧焊焊剂、多丝埋弧焊焊剂和带极堆焊埋弧焊焊剂等。

图4-4　焊剂

2. 按化学组分分类

埋弧焊焊剂按其组分中酸性氧化物和碱性氧化物的比例可分为酸性焊剂和碱性焊剂。焊剂的碱度越高，合金元素的渗合率越高，焊缝金属的纯度亦越高，缺口的冲击韧度也随之提高。

按焊剂中 SiO_2 的含量可将其分为低硅焊剂和高硅焊剂，w_{SiO_2} <35% 时称低硅焊剂；w_{SiO_2} >40% 时称高硅焊剂。按焊剂中的 Mn 含量可分为无锰焊剂和有锰焊剂，焊剂中 w_{Mn} ≤1% 为无锰焊剂，w_{Mn} >1% 为有锰焊剂。

3. 按焊剂的制造方法分类

按制造方法，焊剂可分为熔炼焊剂、烧结焊剂和粘结焊剂三大类。熔炼焊剂是按配方比例将原料混拌均匀后入炉熔炼，然后经过水冷粒化、烘干、筛选而成为成品的焊剂；烧结焊剂和粘结焊剂都属于非熔炼焊剂，都是将原料粉按配方比例混拌均匀后，加入粘结剂调制成湿料，再经过烘干、粉碎、筛选而成。所不同的是，烧结焊剂是在 400~1000℃ 温度下烘干而成的，而粘结焊剂则是在 350~400℃ 的较低温度下烘干而成的。熔炼焊剂成分均匀、颗粒强度高、吸水性小、易储存，是国内生产中应用最多的一类焊剂，其缺点是焊剂中无法加入脱氧剂和铁合金，因为在熔炼过程中烧损十分严重。非熔炼焊剂由于制造过程中未经高温熔炼，焊剂中加入的脱氧剂和铁合金等几乎没有损失，可以通过焊剂向焊缝过渡大量合金成分，补充焊丝中合金元素的烧损，常用来焊接高合金钢或进行堆焊。

4. 按焊剂的物理特性分类

按焊剂在熔化状态的粘度随温度变化的特性，可分为长渣焊剂和短渣焊剂。熔渣的粘度随着温度的降低而急剧增加的熔渣称为短渣，粘度随温度变化缓慢变化的熔渣称为长渣。短渣焊剂的焊接工艺性能较好，利于脱渣和焊缝成形，长渣焊剂则相反。

5. 按焊剂颗粒构造分类

按焊剂颗粒构造可分为玻璃状焊剂和浮石状焊剂。玻璃状焊剂颗粒呈透明的彩色，而浮石状焊剂颗粒为不透明的多孔体。玻璃状焊剂的堆散重量高于 $1.4g/cm^3$，而浮石状焊剂则不到 $1g/cm^3$，因此，玻璃状焊剂能更好地隔离焊接区使之不受空气的入侵。

6. 按焊剂中添加脱氧剂、合金剂分类

按照焊剂中添加的脱氧剂和合金剂不同，又可分为中性焊剂、活性焊剂和合金焊剂。

(1) 中性焊剂 中性焊剂是指在焊接后，熔敷金属化学成分与焊丝化学成分不产生明显变化的焊剂。中性焊剂用于多道焊，特别适应于厚度大于 25mm 的母材的焊接。

(2) 活性焊剂 活性焊剂指加入少量锰、硅脱氧剂的焊剂，以提高抗气孔能力和抗裂性能。活性焊剂主要用于单道焊，特别适合易被氧化的母材。

(3) 合金焊剂 合金焊剂指使用碳钢焊丝，其熔敷金属为合金钢的焊剂。焊剂中添加较多的合金成分，用于过渡合金。多数合金焊剂为粘结焊剂和烧结焊剂。

4.3.2 焊剂及焊丝的选择

埋弧焊中，焊缝的最终化学成分是母材、焊丝与焊剂共同作用的结果，因此，埋弧焊焊剂必须与所焊的钢种和焊丝相匹配。常见埋弧焊焊剂用途及配用焊丝见表 4-2。

1. 碳钢埋弧焊焊剂的选择原则

1) 采用沸腾钢焊丝（如 H08A 和 H08MnA 等）焊接时，必须采用高锰高硅焊剂，如

HJ43×系列的焊剂，以保证焊缝金属通过冶金反应得到必要的硅锰合金，形成致密的具有足够强度和韧性的焊缝金属。

2）焊接对接头韧性要求较高的厚板时，应选用中锰中硅焊剂（如 HJ350、SJ301 等）和高锰焊丝（如 H10Mn2）。

3）对于中厚板对接大电流不开坡口单面焊工艺，应选择抗氧化性较高的高锰高硅焊剂配 H08A 或 H08MnA 低碳焊丝，以便尽量降低焊缝金属的含碳量，提高抗裂性。

4）对于工件表面锈蚀较多的焊接接头，应选择抗锈能力较强的 SJ501 焊剂，并按强度要求选择相应牌号的焊丝。

5）对于薄板高速埋弧焊，应选用 SJ501 烧结焊剂配相应强度等级的焊丝。这种情况下，对接头的强度和韧性一般无特殊要求，主要考虑在高的焊接速度下保证焊缝良好的成形和熔合。

2. 低合金钢埋弧焊焊剂的选择原则

低合金钢埋弧焊时，首先应选择碱度较高的低氢型 HJ25×系列焊剂。这些焊剂均为低锰中硅焊剂，在焊接冶金反应中，Si 和 Mn 还原渗合金的作用不强，这样就必须采用硅含量适中的合金焊丝，如 H08MnMo、H08Mn2Mo 和 H08CrMoA 等。其次，为保证接头的强度和韧性不低于母材的相应指标，亦应选用硅锰还原反应较弱的高碱度焊剂，如 HJ250 和 SJ101 焊剂，在这种焊剂下焊接的焊缝金属纯度较高，非金属夹杂物较少，易保证接头韧性。

表 4-2　埋弧焊焊剂用途及配用焊丝

焊剂类别	焊剂牌号	焊剂类型	用途	配用焊丝	电流种类	使用前烘焙 /($h \times °C$)
熔炼型	HJ130	无锰高硅低氟	低碳钢、普低钢	H10Mn2	交、直流	2×250
	HJ131	无锰高硅低氟	镍基合金	Ni 基焊丝	交、直流	2×250
	HJ150	无锰中硅中氟	轧辊堆焊	H2Cr13、H3Cr2W8	直流	2×250
	HJ151	无锰中硅中氟	奥氏体不锈钢	相应钢种焊丝	直流	2×300
	HJ172	无锰低硅高氟	含 Nb、Ti 不锈钢	相应钢种焊丝	直流	2×400
	HJ173	无锰低硅高氟	含 Mn、Al 高合金钢	相应钢种焊丝	直流	2×250
	HJ230	低锰高硅低氟	低碳钢、普低钢	H08MnA、H10Mn2	交、直流	2×250
	HJ250	低锰中硅中氟	低合金高强度钢	相应钢种焊丝	直流	2×350
	HJ251	低锰中硅中氟	珠光体耐热钢	CrMo 钢焊丝	直流	2×350
	HJ252	低锰中硅中氟	15MnV、14MnMoV、18MnMoNb	H08MnMoA、H10Mn2	直流	2×350
	HJ260	低锰高硅中氟	不锈钢、轧辊堆焊	不锈钢焊丝	直流	2×400
	HJ330	中锰高硅低氟	重要低碳钢、普低钢	H08MnA、H10Mn2SiA、H10MnSi	交、直流	2×250
	HJ350	中锰中硅中氟	重要低合金高强度钢	MnMo、MnSi 及含 Ni 高强钢焊丝	交、直流	2×400
	HJ351	中锰中硅中氟	MnMo、MnSi 及含 Ni 普低钢	相应钢种焊丝	交、直流	2×400
	HJ430	高锰高硅低氟	重要低碳钢、普低钢	H08A、H08MnA	交、直流	2×250

（续）

焊剂类别	焊剂牌号	焊剂类型	用途	配用焊丝	电流种类	使用前烘焙 /(h×℃)
熔炼型	HJ431	高锰高硅低氟	重要低碳钢、普低钢	H08A、H08MnA	交、直流	2×250
	HJ433	高锰高硅低氟	重要低碳钢、普低钢（薄板）	H08A	交、直流	2×250
	HJ433	高锰高硅低氟	低碳钢	H08A	交、直流	2×350
烧结型	SJ101	碱性（氟碱型）	重要低合金钢	H08MnA、H08MnMoA、H08Mn2MoA、H10Mn2	交、直流	2×350
	SJ301	中性（硅钙型）	低碳钢、锅炉钢	H08MnA、H10Mn2、H08MnMoA	交、直流	2×350
	SJ401	酸性（锰硅型）	低碳钢、低合金钢	H08A	交、直流	2×350
	SJ501	酸性（铝钛型）	低碳钢、低合金钢	H08A、H08MnA	交、直流	2×350
	SJ502	酸性（铝钛型）	低碳钢、低合金钢	H08A	交、直流	1×300

3. 不锈钢埋弧焊焊剂的选择原则

我国常用的不锈钢埋弧焊用熔炼型焊剂为 HJ260 低锰高硅中氟型焊剂，因焊剂仍有一定的氧化性，故需配用铬镍含量较高的铬镍钢焊丝。HJ151、HJ172 型焊剂亦可用于不锈钢的埋弧焊，这类焊剂虽氧化性较低，合金元素烧损较少，但焊接工艺性能欠佳，脱渣性能不良，故很少用于不锈钢厚板多层多道焊工艺。

4.4　焊接材料的发展

一个国家焊接消耗材料的生产情况，可以反映该国焊接技术的总体水平。据国际钢铁协会的统计，我国焊接消耗材料仅统计焊条与焊丝，1996 年的产量为 62.96 万吨，发展到 2002 年已达 144.9 万吨，如果加上进口的焊材，总耗量达到 147 万多吨，成为世界最大的焊材生产与消费大国。如果用 A 来表示焊材消耗量/钢材消耗量，根据统计得到，对于工业不发达国家 $A = 0.7\% \sim 0.8\%$，而发达国家 $A = 0.3\% \sim 0.5\%$。2000 年，我国的钢材消耗量为 1.1 亿吨，则直接焊材需求量约 90 万吨，加上各种维修工作消耗的焊条约 10 万吨左右，则总需求量约为 100 万吨。

但是，从不同焊材的产量构成看，在我国生产的焊材中手工焊的焊条产量一直占 75% 以上，而机械化、自动化焊接需要的各种焊丝的总量不足 25%。可见我国的焊接生产总体上说自动化率仍比较低，这说明我国只是一个焊接大国，还远不是一个焊接强国。

在今后一段时间内（大约 5 年或稍长），我国焊条的生产数量还会略有增加，但构成比例会有所降低。由于焊条存在焊接效率低、质量差等问题，应用将会逐渐地减少，取而代之的将是气体保护焊丝。气保护焊实芯焊丝，在目前 10 万吨的基础上会有较大的跃升，有望达到 15 万吨以上。其次是药芯焊丝，将得到较为迅速的发展。埋弧焊焊材（丝 + 剂）已基本处于相对稳定状态，但熔炼焊剂会逐渐减少，烧结焊剂会逐渐增加。未来几年，我国焊材（总量为 110 万吨）有望出现的结构比例为：焊条由目前的 79% 降为 70%；气保护焊实芯焊丝由 9% 升为 18%；药芯焊丝由 0.36% 升为 2%；埋弧焊焊材为 11% ~ 12%。

练习与思考

1. 焊条分为哪几类？
2. 焊条的型号和牌号是如何编制的？
3. 选用焊条的基本原则是什么？
4. 焊丝的型号和牌号是如何编制的？
5. 选用焊丝的基本原则是什么？
6. 埋弧焊时，如何选用焊丝和焊剂？

教学单元 5 焊接方法及工艺

【教学目标】
1）熟悉各种常见焊接方法的特点及应用。
2）掌握常见焊接方法的参数对焊接质量的影响，了解焊接参数的选用。
3）了解一些先进的焊接技术及新工艺。

5.1 焊条电弧焊

焊条电弧焊是利用手工操作、以焊条作为焊接材料进行焊接的一种电弧焊方法，如图5-1所示。焊接电弧在焊条端部与工件之间产生，熔化母材和焊条，从而获得焊接接头。焊接过程中，焊芯不断熔化进入熔池，药皮不断分解熔化生成气体和熔渣，并形成保护，所以焊条电弧焊是一种气-渣联合保护的焊接方法。

图 5-1 焊条电弧焊

5.1.1 焊条电弧焊的特点及应用

1. 焊条电弧焊的特点

（1）焊条电弧焊的优点

1）工艺灵活、适应性强。对于不同的焊接位置、接头形式、焊件厚度，只要焊条所能达到的任何位置，均能进行方便的焊接。对于一些单件、小件、短的、不规则的空间位置及不易实现机械化焊接的情况，更显得机动灵活、操作方便。

2）应用范围广。除难熔或极易氧化的金属外，大部分工业用的金属均能焊接。

3）待焊接头装配要求低。由于焊接过程由焊工控制，可以适时调整电弧位置和运条手势，修正焊接规范，以保证跟踪焊缝和均匀熔透。因此，对焊接接头的装配要求相对较低。

（2）焊条电弧焊的缺点

1）焊接生产率低、劳动强度大。由于焊条的长度是一定的，因此，每焊完一根焊条后就必须停止焊接，更换新的焊条，而且每焊完一层焊道后要求清渣，焊接过程不能连续进行，所以生产率低，劳动强度大。

2）焊缝质量依赖性强。由于采用手工操作，焊缝质量主要靠焊工的操作技术和经验来保证，所以焊缝质量在很大程度上依赖于焊工的操作技术及现场发挥，甚至焊工的精神状态也会影响焊缝质量。

2. 焊条电弧焊的应用范围

1mm 以下的薄板不宜采用焊条电弧焊。采用坡口多层焊的焊件厚度虽不受限制，但效率低，填充金属量大，其经济性不好，所以一般用于厚度为 3～40mm 工件的焊接。能焊接碳钢、低合金钢、不锈钢及耐热钢。焊接时需要预热、后热或两者都用的金属有铸铁、高合金钢及非铁金属。此外，还可以进行异种钢的焊接和各种金属材料的堆焊等。

5.1.2　焊条电弧焊工艺

1. 接头形式

焊条电弧焊常用的接头形式有对接接头、搭接接头、角接接头和 T 形接头（图 5-2）。选择接头形式时，主要根据产品的结构形式和焊接接头的使用条件等因素考虑。对接接头由于受力均匀、应力集中系数小、抗疲劳、节省材料等优点，应优先选用。

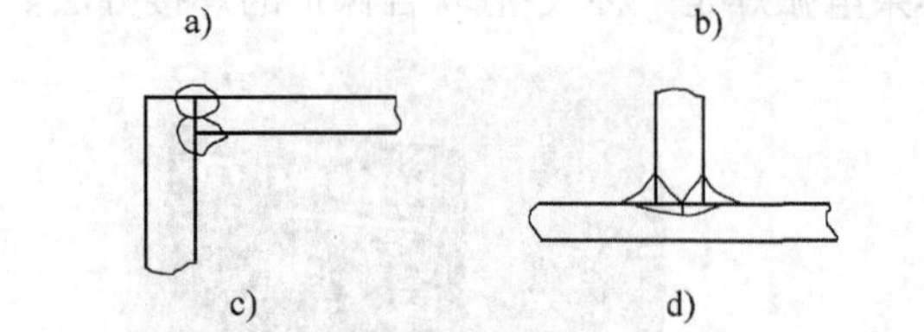

2. 坡口形式

开坡口有以下目的：

1）保证电弧能深入到焊缝根部，使根部焊透并便于清渣。

2）降低焊缝产生裂纹、气孔、夹渣的敏感性。

3）获得良好的焊缝成形。

4）调节熔合比。

图 5-2　焊接接头的基本形式

a）对接　b）搭接　c）角接　d）T 形

坡口形式的选择，主要依据接头形式、母材厚度及对接头的质量要求。GB/T 985.1—2008《气焊、焊条电弧焊、气体保护焊和高能束焊的推荐坡口》对此作了详细规定。对接接头常用的坡口形式有 I 形、Y 形、X 形、带钝边 U 形等（图 5-3）。

角接接头和 T 形接头的坡口形式常用 I 形、带钝边的单边 V 形和 K 形坡口（图 5-4）。

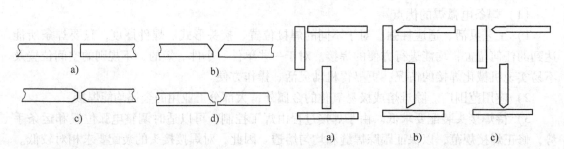

图 5-3　对接接头坡口的基本形式

a）I 形　b）Y 形　c）X 形　d）带钝边 U 形

图 5-4　角接和 T 形接头的坡口

3. 焊接位置

熔焊时，焊件接缝所处的空间位置称为焊接位置。按焊缝所处空间位置不同，将焊缝分为平焊缝、立焊缝、横焊缝、仰焊缝，如图 5-5 所示。

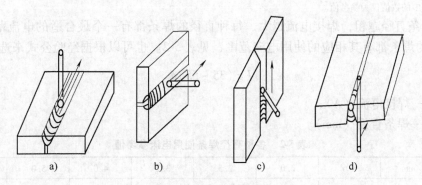

图 5-5　对接的焊接位置
a）平焊缝　b）横焊缝　c）立焊缝　d）仰焊缝

4. 焊接参数选择

焊接参数是指焊接时，为保证焊接质量而选择的诸多物理量。焊接参数选择正确与否，直接影响焊缝形状和尺寸、焊接接头质量和焊接生产率等。焊条电弧焊参数包括：焊条直径、焊接电流、电弧电压、焊接速度、电源种类和极性等。

（1）焊接电源种类和极性选择　焊条电弧焊时，采用的电源有交流和直流两种。通常，酸性焊条可同时采用交、直流两种电源。碱性焊条由于电弧稳定性差，一般必须使用直流焊机。对药皮中含有较多稳弧剂的焊条，也可以使用交流焊机。

当使用直流电源时，母材接正极，焊条接负极叫正接，又称正极性；母材接负极，焊条接正极叫反接，又称反极性，如图 5-6 所示。碱性焊条常采用反接；酸性焊条如果采用直流焊机，常采用正接。

（2）焊条直径　焊条直径是指组成焊条的焊芯直径。在我国，焊条直径规格有 1.6mm、2.0mm、2.5mm、3.2mm、4.0mm、5.0mm、

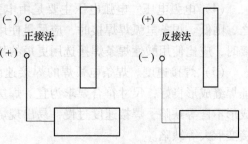

图 5-6　直流电源的极性接法

5.6mm、6.0mm、6.4mm、8.0mm 几种。焊条直径的选择应综合考虑焊件厚度（表 5-1）、装配间隙、焊接位置等因素。一般来说，在板厚相同的情况下，平焊位置所选择的焊条直径应比其他焊接位置大一些；立焊、横焊和仰焊时，应选用直径较小的焊条，一般不超过 4mm。否则熔池加大，熔化的金属不易保持而下淌，以至焊缝难以成形。对于 T 形接头、角接头和搭接接头，所用焊条与对接接头相比直径应较大些。Y 形坡口多层焊接时，通常第一层焊缝用直径为 3~4mm 的焊条打底，而后各层焊缝可用直径较大的焊条进行焊道的填充和盖面焊。

（3）焊接电流的选择　焊接电流是焊条电弧焊中最重要的参数。选择焊接电流时，考虑的因素很多，但主要根据焊条直径、焊接位置、焊道层次、焊条类型等来确定。

表 5-1　焊条直径与焊件厚度的关系

焊件厚度/mm	2	3	4~5	6~12	>13
焊条直径/mm	2	3.2	3.2~4	4~5	4~6

注：此表中的数值仅为参考值。

1）焊条直径越粗，焊接电流越大，每种直径的焊条都有一个最合适的电流范围，对于一定直径的焊条都有其相应的使用电流范围，见表 5-2。也可以根据经验公式来选择

$$I = (35 \sim 55)d \tag{5-1}$$

式中　I——焊接电流（A）；

　　　d——焊条直径（mm）。

表 5-2　各种直径焊条使用电流参考值

焊条直径/mm	1.6	2.0	2.5	3.2	4.0	5.0	6.0
焊接电流/A	25~40	40~65	50~80	100~130	160~210	260~270	260~300

2）在平焊位置时，可选偏大些的焊接电流。横焊和仰焊时，焊接电流可比平焊时的小 5%~10%；立焊时，焊接电流应比平焊时的小 10%~15%。

3）通常打底焊时，要使用较小的焊接电流；为提高生产率，填充焊要使用较大的焊接电流；盖面焊时，为防止咬边，获得成形美观的焊缝，使用的焊接电流要稍小些。

4）焊条类型。在相同条件下，碱性焊条所使用的焊接电流一般应比酸性焊条的小 10% 左右；不锈钢焊条比碳钢焊条选用的焊接电流小 20% 左右。总之，在保证焊接质量的前提下，应尽量选用较大的焊接电流（在许用电流范围内），并且适当提高焊接速度，以提高生产率。

（4）电弧电压　电弧电压主要是由电弧长度来决定的，弧长越长，电弧电压越高。反之，则低。焊条电弧焊焊接时，应尽量使用短弧焊，以利于对熔池的保护。使用碱性焊条焊接时，应比使用酸性焊条焊接选用更短的弧长，以利于电弧稳定和避免气孔产生。

（5）焊接速度。焊条电弧焊的焊接速度也是由操作者控制的。焊接速度应适当，以保证焊缝成形良好，尺寸符合要求为宜。焊接速度过快，易产生焊不透、未熔合、咬边及焊缝成形不良等缺陷。焊接速度过慢，易出现烧穿、满溢及热影响区大、接头力学性能下降、焊接变形大等缺陷。

5.2　CO_2 气体保护焊

CO_2 气体保护焊是利用 CO_2 气体保护焊接区域，以燃烧于工件与焊丝端部的电弧作热源熔化焊丝和母材的一种焊接方法，简称 CO_2 焊，如图 5-7 所示。

5.2.1　CO_2 气体保护焊的特点及应用

1. CO_2 气体保护焊的特点

（1）CO_2 气体保护焊的优点

1）焊接成本低。CO_2 气体及 CO_2 焊焊丝价格便宜，焊接能耗低，因此，CO_2 气体保护

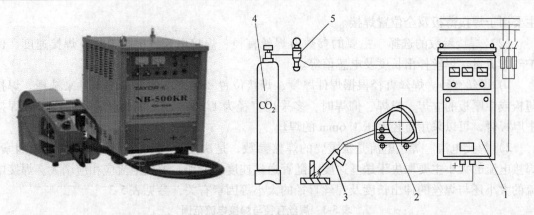

图 5-7　CO_2 气体保护焊

1—焊机　2—送丝机构　3—焊枪　4—CO_2 气瓶　5—流量计

焊的成本较低，只有埋弧焊及焊条电弧焊的 30% ~ 50% 左右。

2）焊缝质量好。由于 CO_2 气体保护焊焊缝含氢量低，所以焊缝抗锈能力和抗裂能力好。

3）生产效率高　CO_2 气体保护焊的电弧能量集中，熔透能力强，熔敷速度快，因此生产效率高；半自动 CO_2 气体保护焊的效率比焊条电弧焊高 1~2 倍，自动 CO_2 气体保护焊比焊条电弧焊高 2~5 倍。

4）适用范围广。CO_2 气体保护焊适用于各种位置的焊接，而且既可用于薄板的焊接又可用于厚板的焊接。

5）便于实现自动化。CO_2 气体保护焊是明弧焊，便于监视及控制，而且焊后无需清渣，有利于实现焊接过程机械化及自动化。

（2）CO_2 气体保护焊的缺点

1）飞溅较大。由于 CO_2 本身的物理和化学性质，如三原子分子、分解吸热、热导性强等原因，使得焊接过程飞溅大，焊缝成形较差。

2）抗风能力差。给室外焊接带来一定的困难。

3）劳动条件较差。CO_2 气体保护焊弧光较强，飞溅大，劳动条件较差。

2. CO_2 气体保护焊的应用

主要用于焊接低碳钢及低合金钢，不适合焊接容易氧化的非铁金属。目前，CO_2 气体保护焊已广泛应用于机车车辆、汽车、摩托车、船舶、煤矿机械及锅炉制造行业，此外，还用于耐磨零件的堆焊、铸钢件的补焊，以及电铆焊等方面。

5.2.2　CO_2 气体保护焊焊接工艺

在 CO_2 气体保护焊（以下简称 CO_2 焊）中，为了获得稳定的焊接过程，熔滴过渡通常采用两种形式，即短路过渡和细颗粒过渡。

1. 短路过渡 CO_2 焊工艺

（1）短路过渡焊接的特点　短路过渡焊接常采用直径为 0.6 ~ 1.6mm 的细焊丝，其特点是电弧电压低，焊接电流小，熔滴细小而过渡频率高，电弧稳定、飞溅小、焊缝成形美观，主要用于焊接薄板及全位置焊接。

（2）焊接参数的选择 主要的参数有焊丝直径、焊接电流、电弧电压、焊接速度、保护气体流量、焊丝伸出长度及电感值等。

1）焊丝直径。焊丝直径根据焊件厚度、焊接位置及生产率的要求等条件来选择。焊接薄板或中厚板的立焊、横焊、仰焊时，多采用直径为 1.6mm 以下的焊丝；在平焊位置焊接中厚板时，可以采用直径大于 1.6mm 的焊丝。

2）焊接电流。焊接电流是很重要的焊接参数，是决定熔深和焊接生产率的主要因素。焊接电流的大小主要取决于送丝速度。随着送丝速度的增加，焊接电流应相应增大。焊接电流的大小还与焊丝的伸出长度及焊丝直径的大小等因素有关，参见表 5-3。

表 5-3 焊丝直径与焊接电流范围

焊丝直径 /mm	推荐焊接电流 范围/A	可能使用的焊接 电流范围/A	焊丝直径 /mm	推荐焊接电流 范围/A	可能使用的焊接 电流范围/A
0.8	50 ~ 120	40 ~ 200	1.2	80 ~ 350	70 ~ 400
1.0	70 ~ 180	60 ~ 300	1.6	300 ~ 500	150 ~ 600

3）电弧电压。电弧电压的选择与焊丝直径及焊接电流有关。它们之间必需协调匹配，才能实现焊接过程的稳定（表 5-4）。另外，电弧电压对焊道外观、熔深、电弧稳定性、飞溅程度、焊接缺陷及焊缝的力学性能有很大的影响。

表 5-4 焊丝直径、电弧电压和焊接电流的匹配

焊丝直径/mm	电弧电压/V	焊接电流/A	焊丝直径/mm	电弧电压/V	焊接电流/A
0.5	17 ~ 19	30 ~ 70	1.2	19 ~ 23	90 ~ 200
0.8	18 ~ 21	50 ~ 100	1.6	22 ~ 26	140 ~ 300
1.0	18 ~ 22	70 ~ 120	—	—	—

4）焊接速度。焊接速度对焊缝成形、接头的力学性能及气孔等缺陷的产生都有直接的影响。焊接速度过快时，会在焊趾部出现咬边，甚至出现驼峰焊道。相反，速度过慢时，焊道变宽，会出现满溢甚至烧穿。通常半自动 CO_2 焊时，焊接速度一般不超过 30m/h；自动焊时，焊接速度一般不超过 90m/h。

5）保护气体流量。CO_2 气体流量的大小，应根据焊接电流、电弧电压、焊接速度等因素来选择。通常，短路过渡焊接时，保护气体流量为 5 ~ 15L/min；采用 200A 以上的电流焊接时，气体流量为 15 ~ 25L/min。

6）焊丝伸出长度。通常，焊丝伸出长度取决于焊丝直径，大约等于焊丝直径的 10 ~ 12 倍比较合适。

7）电感值。短路过渡焊接时，在焊接回路中串接电感的目的主要是控制短路电流上升速度及短路电流的峰值。电感的大小应根据焊丝直径、焊接电流和电弧电压等来选择。表 5-5 列出了采用不同直径焊丝对应的合适的电感值。

表 5-5 不同直径焊丝对应的合适的电感值

焊丝直径/mm	0.8	1.2	1.6
电感值/mH	0.01 ~ 0.08	0.10 ~ 0.16	0.30 ~ 0.70

8）电源极性。不论短路过渡还是细颗粒过渡，CO_2 焊一般都采用直流反极性。直流反极性具有电弧燃烧稳定、飞溅小、焊缝成形好、焊缝熔深大、生产率高、焊接变形小、焊缝含氢量低等一系列优点。而正极性焊接时，在相同电流下，焊丝熔化速度大大提高（大约为反极性时的 1.6 倍），而熔深较浅，余高较大且飞溅很大，只有在堆焊及铸铁补焊时才采用正极性，以提高熔敷速度。

2. 细颗粒过渡 CO_2 焊工艺

（1）特点　细颗粒过渡 CO_2 焊的电弧电压比较高且焊接电流比较大，此时电弧燃烧是持续的，不会发生短路熄弧的现象。焊丝的熔化金属以细滴形式过渡，所以飞溅小、电弧穿透力强，母材熔深大，适合中等厚度及大厚度工件的焊接。

（2）焊接参数选择

1）焊接电流和电弧电压。CO_2 焊时，对于一定直径的焊丝，所允许的焊接电流范围很宽（表5-6）。对应于不同的焊丝直径，实现细颗粒过渡的焊接电流下限是不同的。表5-7列出了几种常用焊丝直径对应的焊接电流下限值。

表 5-6　不同直径焊丝常用的焊接电流范围

焊丝直径/mm	焊接电流/A	焊接电压/V	电弧形式
0.6	30 ~ 70	17 ~ 19	短弧
0.8	50 ~ 100	18 ~ 21	短弧
1.0	70 ~ 120	18 ~ 22	短弧
1.2	90 ~ 150	19 ~ 23	短弧
1.2	160 ~ 350	25 ~ 35	长弧
1.6	140 ~ 200	20 ~ 24	短弧
1.6	200 ~ 500	26 ~ 40	长弧
2.0	200 ~ 600	27 ~ 36	短弧和长弧
3.0	500 ~ 800	32 ~ 44	长弧

表 5-7　细颗粒过渡最低焊接电流值和电压范围

焊丝直径/mm	焊接电流下限值/A	电弧电压/V
1.2	300	
1.6	400	
2.0	500	34 ~ 45
3.0	650	
4.0	750	

2）焊接速度。细颗粒过渡 CO_2 焊的焊接速度很高，与同样直径焊丝的埋弧焊相比，焊接速度高 0.5 ~ 1 倍，可以达到 40 ~ 60m/h。如果采取必要的措施，选择合适的焊接参数，采用性能良好的电源，可以使焊接速度达到 120m/h，这就是高速 CO_2 焊。

3）焊丝伸出长度。细颗粒过渡 CO_2 焊所用焊丝较粗，焊丝伸出长度对熔滴过渡、电弧稳定性及焊缝成形的影响不像短路过渡那么大。但由于 CO_2 焊飞溅较大，容易堵塞喷嘴，所以焊丝伸出长度应该比短路过渡大一些，一般应控制在 10 ~ 20mm。

4）保护气体流量。细颗粒过渡时，由于电流和电压较大，应该选用较大的气体流量来保证焊接区的保护效果，保护气体流量通常比短路过渡提高 1 ~ 2 倍。常用的气体流量范围为 25 ~ 50L/min。

5.3　埋弧焊

　　埋弧焊由于焊接时电弧掩埋在焊剂层下燃烧，弧光不外露，因此被称为埋弧焊，全称为埋弧自动焊，又称焊剂层下自动电弧焊。埋弧焊是利用焊丝和焊件之间燃烧的电弧产生热量，熔化焊丝、焊剂和母材而形成焊缝的。焊丝作为填充金属，而焊剂则对焊接区起保护和合金化作用。埋弧焊原理如图 5-8 所示。

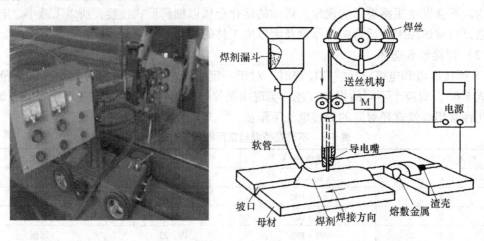

图 5-8　埋弧焊

5.3.1　埋弧焊的特点及应用

1. 埋弧焊的特点

（1）埋弧焊的优点

1）焊接质量高。埋弧焊参数稳定，焊缝化学成分和力学性能比较均匀。焊缝外形平整光滑，由于是连续焊接，中间接头少，所以不容易产生缺陷。

2）生产率高。埋弧焊时，焊丝从导电嘴伸出长度较短，故可以使用较大的电流，因而使得埋弧焊在单位时间内的熔化量显著增加。另外，埋弧焊的焊接电流大，熔深也大，保证了对较厚的焊件可不开坡口一次焊透，可大大提高生产率。

3）工人劳动条件好。埋弧焊的电弧埋在焊剂下面，电弧不可见，没有弧光辐射。另一方面，埋弧焊由于自动化水平高，降低了工人的劳动强度。

4）焊接成本低。首先是由于埋弧焊使用的焊接电流大，获得熔深也大，故埋弧焊焊件可不开坡口或开小角度坡口，既节约了因加工坡口而消耗掉的焊件金属和加工工时，也减少了焊缝中焊丝的填充量。与焊条电弧焊相比，埋弧焊没有焊条头的损失，也节约了填充金属。此外，埋弧焊的热量集中，热效率高，故在单位长度焊缝上所消耗的电能也大大减少。

（2）埋弧焊的缺点

1）难以焊接氧化性强的金属。由于埋弧焊用焊剂主要是 MnO、SiO_2 等金属及非金属氧化物，所以难以焊接铝、钛等活泼性强的金属及合金。

2）只适用于长焊缝的焊接。由于调整时间长，设备较复杂，灵活性差，短焊缝的焊接体现不出埋弧焊生产率高的优点。

3）不适宜薄板焊接。由于埋弧焊焊接电弧的电场强度大，电流小于100A时，电弧不稳定，因此，埋弧焊不适宜焊接厚度小于1mm的薄板。

4）主要适用于水平（或接近水平）面焊缝的焊接。由于埋弧焊是依靠颗粒状焊剂堆积形成焊接及保护条件的，所以正常情况下，不采取特殊工艺措施，难以实现横焊、立焊、仰焊。

2. 埋弧焊的应用

埋弧焊主要用于焊接各种钢板结构。可焊接碳素结构钢、低合金高强度钢、低合金结构钢、不锈钢、耐热钢及复合钢等，也可用于堆焊耐磨、耐蚀合金或镍基合金及铜合金，但不适用于铝、钛等氧化性强的金属和合金。因此，埋弧焊在造船、锅炉、化工容器、桥梁、起重机械、冶金机械等行业中得到广泛地应用。

5.3.2　埋弧焊焊接参数

埋弧焊最主要的焊接参数是焊接电流、焊接电压、焊接速度，其次是焊丝直径、焊丝伸出长度、焊丝倾角、焊丝与焊件的相对位置、焊剂粒度、焊剂堆散高度等。所有这些参数，对焊缝成形和焊接质量都有不同程度的影响。

1. 焊接电流

焊接电流是埋弧焊的重要参数，它决定焊接熔化速度、熔深和母材的熔化量。焊接时，若其他因素不变，焊接电流增加，则电弧吹力增强，焊缝厚度增大；同时焊丝的熔化速度也相应加快，焊缝余高稍有增加，但电弧的摆动小，焊缝宽度变化不大。电流过大，容易产生咬边或成形不良，使热影响区增大，甚至造成烧穿；电流过小，焊缝厚度减小，容易产生未焊透，电弧稳定性也差。焊接电流对焊缝成形的影响如图5-9所示。

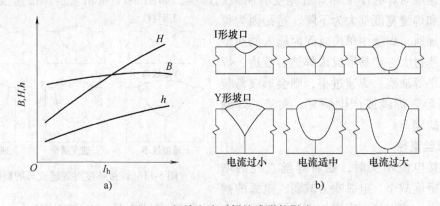

图5-9　焊接电流对焊缝成形的影响

a）影响舰律　b）焊缝成形的变化

H—焊缝厚度　B—焊缝宽度　h—余高

2. 电弧电压

在其他因素不变的条件下，增加电弧电压，则电弧长度增加。随着电弧电压增加，焊缝宽度显著增大，而焊缝厚度和余高减小。这是因为电弧电压越高，电弧就越长，则电弧的摆动范围扩大，使焊件被电弧加热的面积增大，以致焊缝宽度增大。同时，电弧长度增加以后，电弧热量损失加大，所以用来熔化母材和焊丝的热量减少，使焊缝厚度和余高减少，如图 5-10 所示。

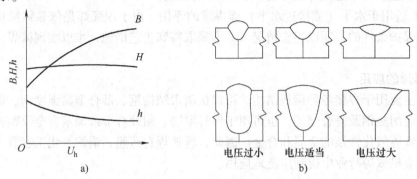

图 5-10　电弧电压对焊缝成形的影响

a）影响规律　b）焊缝成形的变化

H—焊缝厚度　B—焊缝宽度　h—余高

由此可见，电流是决定焊缝厚度的主要因素，而电压则是影响焊缝宽度的主要因素。为了获得良好的焊缝成形，焊接电流必须与电弧电压进行良好的匹配，见表 5-8。

表 5-8　焊接电流与电弧电压的匹配关系

焊接电流/A	600 ~ 700	700 ~ 850	850 ~ 1000	1000 ~ 1200
焊接电压/V	36 ~ 28	38 ~ 40	40 ~ 42	42 ~ 44

3. 焊接速度

焊接速度对焊缝厚度和焊缝宽度有明显的影响，如图 5-11 所示。当焊接速度增加时，焊缝厚度和焊缝宽度都大为下降，这是因为焊接速度增加时，焊缝中单位时间内输入的热量减少。焊速过大，则易形成未焊透、咬边、焊缝粗糙不平等缺陷；焊速过小，则会形成易裂的"蘑菇形"焊缝或产生烧穿、夹渣、焊缝不规则等缺陷。

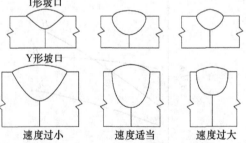

图 5-11　焊接速度对焊缝成形的影响

4. 焊丝直径

当焊接电流不变时，随着焊丝直径的增大，电流密度减小，电弧吹力减弱，电弧的摆动作用加强，使焊缝宽度增加而焊缝厚度减小；焊丝直径减小时，电流密度增大，电弧吹力增大，使焊缝厚度增加。故用同样大小的电流焊接时，小直径焊丝可获得较大的焊缝厚度。不同直径的焊丝所适用的焊接电流见表 5-9。

表 5-9　焊丝直径与焊接电流的关系

焊丝直径/mm	2.0	3.0	4.0	5.0	6.0
焊接电流/A	200 ~ 400	350 ~ 600	500 ~ 800	700 ~ 1000	800 ~ 1200

5. 焊丝伸出长度

一般将导电嘴出口到焊丝端部的长度称为焊丝伸出长度。当焊丝伸出长度增加时，则电阻热作用增大，使焊丝熔化速度增快，以致焊缝厚度稍有减少，余高略有增加；伸出长度太短，则易烧坏导电嘴。焊丝伸出长度随焊丝直径的增大而增大，一般在 15 ~ 40mm 之间。

6. 装配间隙与坡口角度

当其他焊接工艺条件不变时，焊件装配间隙与坡口角度的增大，使焊缝厚度增加，而余高减少，但焊缝厚度加上余高的焊缝总厚度大致保持不变。为了保证焊缝的质量，埋弧焊对焊件装配间隙与坡口加工的工艺要求很严格。

5.4　其他焊接方法

对于重大装备制造业中的大厚度（几千毫米）焊件、高熔点低塑性材料的焊接及金属与非金属之间的焊接等，若用普通的焊接方法很难保证焊接质量，甚至无法进行焊接作业，而必须采用一些特殊的焊接方法。本节主要介绍一些使用较广的独特的焊接方法，如惰性气体保护焊、电渣焊、电阻焊、钎焊、高能束焊、气焊与气割、等离子弧焊、超声波焊、摩擦焊、扩散焊等。

5.4.1　惰性气体保护焊

惰性气体保护焊是利用惰性气体作为保护介质，用高熔点钨极或燃烧于焊丝与焊件间的电弧作为热源的电弧焊。惰性气体保护焊可分为非熔化极氩弧焊（钨极氩弧焊）、熔化极氩弧焊和熔化极脉冲氩弧焊，统称为氩弧焊。

1. 钨极氩弧焊

钨极氩弧焊通常又叫 TIG 焊或非熔化极氩弧焊，是利用氩气保护的一种气体保护焊，如图 5-12 所示。

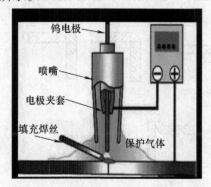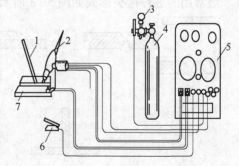

图 5-12　钨极氩弧焊

1—焊丝　2—焊枪　3—流量计　4—氩气瓶　5—焊接电源　6—开关　7—焊件

（1）TIG 焊的特点

其优点有：

1）焊接质量高。氩气是惰性气体，既不与任何金属反应，也不溶于任何金属，焊接过程基本上是金属熔化和结晶的简单过程。而且，氩弧在采用直流反接或交流电源时对工件及熔池表面的氧化膜有清理作用，这种清理作用又称为"阴极破碎"或"阴极雾化"作用。因此，钨极氩弧焊可以成功地焊接易氧化、氮化、化学活泼性强的非铁金属及合金，也可以焊接不锈钢等要求成分稳定的材料。另外，由于填充焊丝不通过焊接电流，所以不会产生因熔滴过渡引起的飞溅现象，为获得光滑的焊缝表面提供了良好的条件。

2）适应性好。由于热源和填充焊丝分别控制，热量调节方便，使输入焊缝的热输入更容易控制，因此，适于各种位置的焊接，也容易实现单面焊双面成形。

3）焊接变形小。与气焊相比，钨极氩弧焊焊接电弧热量集中、温度高，焊接热影响区窄，焊接变形小。

4）电弧稳定。由于氩气热导性差，对电弧的冷却作用小，所以电弧稳定。在各种气体保护焊中，氩弧的稳定性最好。当焊接电流小于 10A 时，电弧仍能稳定燃烧，因此特别适合于薄板的焊接。

其缺点有：

1）成本较高。由于氩气和钨极价格高，钨极氩弧焊的焊接成本高，生产成本比焊条电弧焊、埋弧焊、CO_2 焊均高。目前一般只用于打底焊、不锈钢和非铁金属的焊接。

2）不宜焊接厚板。由于钨极载流量有限，使电弧功率受到限制，致使焊接熔深小，焊接速度低，所以钨极氩弧焊一般只适宜焊接厚度小于 6mm 的工件。

（2）TIG 焊的应用　钨极氩弧焊应用很广泛，它几乎可以用于所有金属和合金的焊接，最常用于铝、镁、钛、铜等非铁金属及其合金的焊接，也广泛应用于不锈钢、耐热钢、高温合金钢和钛、钼、铌、锆等难熔金属的焊接。主要以焊接 3mm 以下薄板为主，对于大厚度的重要结构，如压力容器、管道等，可用于打底焊。

（3）TIG 焊焊接工艺

1）接头和坡口形式。钨极氩弧焊常用的接头形式有对接、搭接、角接、T 形接头、卷边接头、端接接头、卷边端接等形式，其中卷边接头、端接接头和卷边端接接头形式常用于薄板焊接。最常用的五种接头形式如图 5-13 所示。

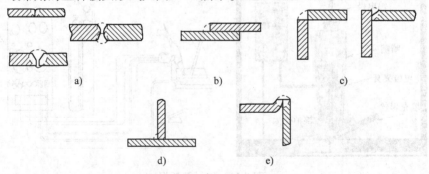

图 5-13　TIG 焊常用接头形式

a）对接　b）搭接　c）角接　d）T 形　e）端接

坡口形式和尺寸应根据材料类型、板材厚度等因素来确定。一般情况下，厚度小于 3mm 时，可开 I 形坡口；板厚为 3～12mm 时，可开 V 形或 Y 形坡口。关于各种钢的具体坡口形式及尺寸可以参照国家标准 GB/T 985.1—2008。

2）焊前清理。钨极氩弧焊对焊材、母材表面的清洁程度要求较高。为了保证焊接质量，焊接之前必须对填充焊丝、工件坡口以及坡口两侧至少20mm范围之内的氧化膜、水、油等污物清理干净。清理方法可以采用机械清理、化学清理和机械-化学联合清理的方法。

3）焊接参数的选择。钨极氩弧焊的焊接参数主要包括电源种类及极性、焊接电流、钨极直径及端部形状、保护气体流量、电弧长度、钨极伸出长度、喷嘴直径、焊接速度及填加焊丝直径等。只有正确选择焊接参数，才可能获得比较满意的焊接接头。

①电源种类和极性选择。钨极氩弧焊可选用直流、交流和脉冲电源，选用哪种电源主要根据被焊材料的种类来确定（表5-10），对直流电源还有极性的选择问题。

表5-10　被焊材料与电源种类及极性的选择

被焊材料	直　流		交　流
	直流正接	直流反接	
铝、镁及其合金	×	○	△
铜及其合金	△	×	○
低碳钢、低合金钢	△	×	○
铸铁	△	×	○
钛及其合金	△	×	○
异种金属	△	×	○

注：△——最佳；○——可用；×——最差。

直流反接是钨极接正极，焊件接负极。由于电弧阳极产热量高于阴极，使钨极容易过热熔化，所以除了可焊铝、镁及其合金薄板外，很少采用。直流正接是焊件接正极，钨极接负极。钨极熔点高，电子发射能力强。钨极作为阴极产热量少，使钨极许用电流增大，电弧燃烧稳定性好。除了铝、镁及其合金外，其他材料都采用直流正接，如图5-14所示。

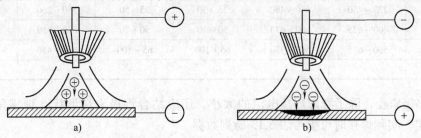

图5-14　TIG焊直流极性
a）直流反接　b）直流正接

焊接铝、镁及其合金时，采用交流电源可获得良好效果。由于交流电的极性是不断变化的，在交流正极性的半波中钨极可以得到冷却，而在交流负极性的半波中，有阴极破碎作用，可以清除熔池表面氧化膜，使焊接顺利进行。

②电弧长度的选择。TIG焊时，弧长使用范围为0.5～3mm，对应的电弧电压为8～20V。电弧长度增加，则焊缝熔深减小。焊缝宽度稍微增加，熔深稍微减小。电弧太长易产生未焊透和氧化；电弧太短易产生短路或产生夹钨。电弧长度应根据焊缝形状、材料厚度和保护效果等因素来选择，以保证热量集中、电弧稳定、保护效果好、焊接变形小的优点。

③钨极直径和焊接电流的选择。目前市场上使用的钨极材料有纯钨、钍钨、铈钨及其他钨合金。其中，钍钨极具有一定的放射性，对人体健康不利；铈钨极在我国率先使用，综合性能优于钍钨极。各种钨极性能比较见表5-11。

表 5-11　钨极性能比较

名称	空载电压	溢出功	小电流下断弧间隙	弧压	许用电流	放射性剂量	化学稳定性	大电流时烧损	寿命
纯钨	高	高	短	较高	小	无	好	大	短
钍钨	较低	较低	较长	较低	较大	小	好	较小	较长
铈钨	低	低	长	低	大	无	较好	小	长

注：本表钨极直径规格参照 ISO 标准。

焊接电流应根据钨极直径、焊缝接头形式、焊件厚度综合考虑来选择，不同直径的钍钨极或铈钨极的许用电流范围见表5-12。

表 5-12　钨极标准规格及许用电流值

电极直径/mm	直流/A				交流/A	
	正接（电极 -）		反接（电极 +）			
	纯钨	钍钨、铈钨	纯钨	钍钨、铈钨	纯钨	钍钨、铈钨
0.5	2 ~ 20	2 ~ 20	—	—	2 ~ 15	2 ~ 15
1.0	10 ~ 75	10 ~ 75	—	—	15 ~ 55	15 ~ 70
1.6	40 ~ 130	60 ~ 150	10 ~ 20	10 ~ 20	45 ~ 90	60 ~ 125
2.0	75 ~ 180	100 ~ 200	15 ~ 25	15 ~ 25	65 ~ 125	85 ~ 160
2.5	130 ~ 230	160 ~ 250	17 ~ 30	17 ~ 30	80 ~ 140	120 ~ 210
3.2	160 ~ 310	225 ~ 330	20 ~ 35	20 ~ 35	150 ~ 190	150 ~ 250
4.0	275 ~ 450	350 ~ 480	35 ~ 50	35 ~ 50	180 ~ 260	240 ~ 350
5.0	400 ~ 625	500 ~ 675	50 ~ 70	50 ~ 70	240 ~ 350	330 ~ 460
6.3	550 ~ 675	650 ~ 950	65 ~ 100	65 ~ 100	300 ~ 450	430 ~ 575
8.0	—	—	—	—	—	650 ~ 830

对于钨极直径，除了考虑焊接电流的大小，还应结合钨极末端形状（顶锥角、平顶直径）来确定。实际焊接时可参考表5-13所列数据。

表 5-13　钨极直径及末端形状尺寸与许用电流

钨极直径/mm	顶锥角（°）	平顶直径/mm	恒定电流许用范围/A	脉冲电流许用范围/A
1.0	12	0.12	2 ~ 15	2 ~ 25
	20	0.25	5 ~ 30	5 ~ 60
1.6	25	0.50	8 ~ 50	8 ~ 100
	30	0.75	10 ~ 70	10 ~ 140
2.4	35	0.75	12 ~ 90	12 ~ 180
	45	1.10	15 ~ 150	15 ~ 250
3.6	60	1.10	20 ~ 200	20 ~ 300
	90	1.50	25 ~ 250	25 ~ 350

④焊丝直径的选择。焊丝直径选择合适，有利于熔滴呈滴状过渡，不影响氩气的保护效果。焊丝直径过大，则对氩气产生一种阻力，降低了氩气保护效果；但焊丝直径不宜过细，否则由于焊丝熔化过快，增加了焊丝送进频率，易使焊丝与钨极接触，影响焊接质量。焊丝直径应根据材料厚度、焊接电流来选择。不锈钢和高温合金钢手工钨极氩弧焊的焊丝直径选择可参见表 5-14。铝及铝合金手工钨极氩弧焊焊丝直径选择可参见表 5-15。

表 5-14 不锈钢和高温合金钢手工钨极氩弧焊的焊接电流与焊丝直径的关系

材料厚度/mm	钨极直径/mm	焊丝直径/mm	焊接电流/A
1.0	2	1.6	40 ~ 70
1.5	2	1.6	50 ~ 85
2.0	2	2.0	80 ~ 190
3.0	2 ~ 3	2.0	120 ~ 160

⑤焊接速度的选择。焊接速度加快，氩气流量要相应加大。焊接速度过快，由于空气阻力对保护气流的影响，会使保护层偏离钨极和熔池，从而使保护效果变差。同时，焊接速度还显著影响焊缝成形。因此，应选择合适的焊接速度。

表 5-15 铝及铝合金手工钨极氩弧焊焊接电流与焊丝直径的关系

材料厚度/mm	钨极直径/mm	焊丝直径/mm	焊接电流/A
1.5	2	2	70 ~ 80
2	2 ~ 3	2	90 ~ 120
3	3 ~ 4	2	120 ~ 140
4	3 ~ 4	2.5 ~ 3	120 ~ 180

⑥氩气流量的选择。焊接不同金属时，对氩气的纯度要求是不一样的（表 5-16）。氩气流量应随着焊接速度和电弧长度的增大而增大。氩气流量过大，易产生紊流，保护层卷入空气，影响保护性能，导致电弧不稳定；氩气流量过小，气体挺度弱，空气容易侵入熔池，同样降低保护效果。

表 5-16 各种金属对氩气纯度要求

焊接材料	厚度/mm	焊接方法	氩气纯度（纯度分数）(%)	电流种类
钛及其合金	0.5 以上	钨极手工及自动	99.99	直流正接
镁及其合金	0.5 ~ 2.0	钨极手工及自动	99.9	交流
铝及其合金	0.5 ~ 2.0	钨极手工及自动	99.9	交流
铜及其合金	0.5 ~ 3.0	钨极手工及自动	99.8	直流正接或交流
不锈钢，耐热钢	0.1 以上	钨极手工及自动	99.7	直流正接或交流
低碳钢、低合金钢	0.1 以上	钨极手工及自动	99.7	直流正接或交流

焊接电流增大，气体流量和喷嘴孔径应相应增大。为保证保护效果，喷嘴与焊件间的距离应尽可能小一些，手工焊接时，为便于观察电弧位置，距离一般以 10mm 为宜；自动焊时，距离可控制在 5mm 左右。

交流 TIG 焊时，由于电弧稳定性较差等原因，其气体流量比直流 TIG 焊时应略大一些。

焊接电流、喷嘴直径及氩气流量间的关系可参见表 5-17 所列数据。

表 5-17　氩气流量的选择

焊接电流/A	直流正接		直流反接	
	喷嘴孔径/mm	氩气流量/（L·min⁻¹）	喷嘴孔径/mm	氩气流量/（L·min⁻¹）
10 ~ 100	4 ~ 9.5	4 ~ 5	8 ~ 9.5	6 ~ 8
100 ~ 150	4 ~ 9.5	4 ~ 7	9.5 ~ 11	7 ~ 10
150 ~ 200	6 ~ 13	6 ~ 8	11 ~ 13	7 ~ 10
200 ~ 300	8 ~ 13	8 ~ 9	13 ~ 16	8 ~ 15
300 ~ 500	13 ~ 16	9 ~ 12	16 ~ 19	8 ~ 15

⑦钨极伸出长度的选择。钨极伸出长度增大时，喷嘴距焊件的高度就要相应增大，而喷嘴距焊件越远，氩气越容易受空气的影响而发生摆动；钨极伸出长度较小时，不便观察送丝情况及焊缝成形。一般钨极伸出长度为 3 ~ 4mm。

⑧喷嘴直径的选择。喷嘴直径与气体流量同时增加，则保护效果好。喷嘴直径过大时，不易观察焊逢成形；喷嘴直径过小，喷出的气流不能很好地笼罩焊接区。喷嘴直径一般以 10 ~ 14mm 为宜（表 5-18）。喷嘴直径需根据焊件厚度和焊接电流大小来选择，增加喷嘴直径要相应增加气体流量，使保护气体区增大，以提高保护效果。

表 5-18　氩气流量、喷嘴直径至焊件表面距离参考数据

焊接方法	合适的氩气流量/（L·min⁻¹）	喷嘴直径/mm	喷嘴至焊件表面距离/mm
手工钨极氩弧焊	8 ~ 16	10 ~ 16	8 ~ 12

⑨喷嘴至焊件的距离选择。喷嘴至焊件距离越大，保护效果越差；喷嘴至焊件距离越近，保护效果越好，但影响焊工视线。因此喷嘴距焊件 8 ~ 10mm 为宜。

2. 熔化极氩弧焊

熔化极氩弧焊是利用氩气或富氩气体作为保护气体，以连续送进的焊丝做填充焊接材料，利用燃烧于焊丝端部和焊件之间的电弧作为热源的一种电弧焊。利用 Ar 或者 Ar + He 作为保护气体时，称为熔化极惰性气体保护焊，又叫熔化极氩弧焊，简称 MIG（Metal Inert Gas Arc Welding）。如果在惰性气体中加入少量活性气体（如 O_2 或者 CO_2 等）组成混合气体保护时，称为熔化极活性混合气体保护焊，简称 MAG（Metal Active Gas Arc Welding）。由于 MAG 焊无论从原理，还是工艺特点，都与 MIG 焊相似，也将其归入 MIG 焊。MIG 焊的焊接过程如图 5-15 所示。

（1）熔化极氩弧焊的特点

其优点有：

1）几乎可以焊接所有金属。由于使用惰性气体保护，MIG 焊几乎可以焊接所有金属，如铝、镁、铜、钛、镍及其合金，以及碳钢、不锈钢、耐热钢等金属。

2）焊接生产率高、焊接变形小。MIG 焊与 TIG 焊相

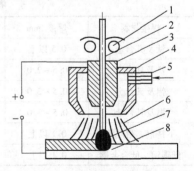

图 5-15　熔化极氩
弧焊示意图

1—送丝轮　2—焊丝　3—导电嘴
4—喷嘴　5—进气管　6—氩气流
7—电弧　8—焊件

比，允许使用的焊接电流大，所以焊接熔深大，焊接生产率高，焊接变形小。另外，MIG焊无焊渣，节省了焊渣清理时间。

3）焊接铝、镁及其合金时，有破膜作用。由于MIG焊一般都采用直流反接，具有很强的"阴极破碎"作用，所以焊接铝、镁及其合金时，焊前几乎无需去除氧化膜。但是，由于氩气不能与氢反应结合成分子或大离子，焊接钢铁金属时，MIG焊对氧化膜很敏感，焊前必须认真清理，否则，容易使焊缝含氢量增加而产生气孔或裂纹。

4）容易实现焊接自动化。熔化极氩弧焊是明弧焊接，焊接过程参数稳定，易于检测和控制，易于实现自动化。

5）容易实现窄间隙焊接。焊道之间不需清渣，更适宜实现窄间隙焊接，能够节省填充金属和提高焊接生产率。

其缺点有：

1）焊接成本相对较高。由于惰性气体价格较高，目前惰性气体保护焊主要适用于非铁金属及不锈钢等的焊接。

2）对水、铁锈、油污敏感。由于惰性气体不能与氢反应结合成分子或大离子，所以焊前需要严格清理油污、水等杂质。

3）不适宜野外作业。

（2）熔化极氩弧焊的应用　目前，MIG焊已广泛应用于薄板及中、厚板的焊接。可以焊接碳钢、各种合金钢、不锈钢、耐热钢、铝及铝合金、镁及镁合金、铜及铜合金、钛及钛合金等金属。特别适合于焊接不锈钢、铝、镁、铜、钛、锆等活泼性金属及其合金。可用于平焊、立焊、横焊及全位置焊接。窄间隙MIG焊接技术的发展，使熔化极氩弧焊的应用进一步扩展到厚板和超厚板的焊接，成为厚壁大型焊接机构焊接技术发展的方向。MIG焊目前已广泛应用于航空航天、原子能、电力、石油化工、机械制造、仪器仪表等领域。

（3）熔化极氩弧焊（MIG）工艺

1）焊前准备。熔化极氩弧焊焊前必须严格去除金属表面的氧化膜、油脂和水分等污物，清理方法因材质不同而有所差异。常用的清理方法有机械清理、化学清理和化学-机械联合清理。

2）焊接参数的选择

①焊接电流和电弧电压。一般根据工件厚度选择焊丝直径，然后确定焊接电流和熔滴过渡类型。MIG焊熔滴过渡的主要形式有短路过渡、颗粒过渡、喷射过渡。各种过渡形式的特点见表5-19。电流较小时，为颗粒过渡（若电弧电压较低则为短路过渡），当电流达到临界电流时为喷射过渡。MIG焊与CO_2气体保护焊不同，CO_2气体保护焊从大颗粒过渡到细颗粒过渡的转变是逐渐的，没有明显的临界值，而MIG焊从大颗粒过渡到获得喷射过渡，具有明显的临界电流值（表5-20）。

表5-19　熔化极氩弧焊熔滴过渡种类及特点（直流反接）

熔滴过渡种类	过渡方式	保护气体	电弧燃烧情况	熔滴大小	可焊位置	熔深
短路过渡	通过未脱离焊丝端部的熔滴与熔池接触（短路），使熔滴过渡到熔池	Ar、He或混合气体	电弧间歇熄灭，但电弧复燃容易，飞溅较小	大于焊丝直径	全位置	较浅

（续）

熔滴过渡种类	过渡方式	保护气体	电弧燃烧情况	熔滴大小	可焊位置	熔深
颗粒过渡	熔滴通过电弧空间以重力加速度落至熔池	Ar、He 或混合气体	电弧有偶然短路熄灭，燃烧较不稳定，飞溅较大	大于焊丝直径	平焊	一般较短路过渡的深
喷射过渡	熔滴以比重力加速度大得多的加速度射向熔池	Ar 或富 Ar 混合气体	电弧燃烧稳定，飞溅很小	小于焊丝直径	平焊，全位置焊（定向下焊）	较颗粒过渡的深

表 5-20　MIG 焊大滴-喷射过渡转变临界电流值

焊丝种类	焊丝直径/mm	保护气体	临界电流/A
低碳钢	0.8	98% Ar + 2% O_2（体积分数）	150
	0.9		165
	1.2		220
	1.6		275
不锈钢	0.9	99% Ar + 1% O_2（体积分数）	170
	1.2		225
	1.6		285
铝及铝合金	0.8	Ar	90
	1.2		135
	1.6		180
铜	0.9	Ar	180
	1.2		210
	1.6		310
硅青铜	0.9	Ar	165
	1.2		205
	1.6		270
钛及钛合金	0.8	Ar	120
	1.6		225
	2.4		320

②焊丝伸出长度。焊丝伸出长度增加，可增强电阻热作用，使焊丝熔化速度加快，可获得稳定的射流过渡，并降低临界电流值。焊丝伸出长度过长和过短对焊接都有不利影响。焊丝伸出长度一般根据焊接电流的大小、焊丝直径、焊丝材料电阻率等来选择，一般短路过渡时，以 6～13mm 为宜，其他过渡形式时，以 13～25mm 为宜。

③气体流量。熔化极氩弧焊对熔池的保护要求较高，保护气流量应根据电流大小、喷嘴孔径、接头形式等因素来确定。对于一定孔径的喷嘴，保护气流量有一个比较合理的范围。流量太大，容易使喷出的气流从层流状态转化为紊流状态，使保护效果变差；流量太小，喷出的气流挺度不够，排开空气的能力弱，保护效果也不好。气体流量最佳范围可以通过试验来确定，其保护效果可以通过观察焊缝表面颜色来判断（表 5-21）。通常喷嘴孔径为 20mm 左右，气体流量为 10～60L/min，喷嘴至焊件距离 10～15mm 较合适。

表 5-21 保护效果与焊缝表面颜色之间的关系

母材	最好	良好	较好	不良	最差
不锈钢	金黄色或银白色	蓝色	红灰色	灰色	黑色
钛及钛合金	亮银白色	橙黄色	蓝紫色	青灰色	白色（氧化钛）
铝及铝合金	亮银白色	无光白色	灰白色	灰色	黑色
纯铜	金黄色	黄色	—	灰黄色	灰黑色
低碳钢	灰白色有光亮	灰色	—	—	灰黑色

3. 熔化极脉冲氩弧焊

（1）熔化极脉冲氩弧焊的特点

1）具有较宽的电流调节范围。熔化极脉冲氩弧焊（脉冲 MIG 焊）可以在平均电流大大低于 MIG 焊的临界电流值的情况下获得喷射过渡。工作电流范围包括从短路过渡到射流过渡所有的电流区域，可以在高至几百安培，低至几十安培的范围内调节。利用喷射过渡工艺，既可焊接厚板，又可焊接薄板。表 5-22 列出了脉冲氩弧焊焊接不同材料时出现射流过渡的最小电流值（总电流平均值）。由表 5-22 可以看出，熔化极脉冲氩弧焊可在比直流电源喷射过渡临界电流以下的较小平均电流值时，得到相当稳定的焊接过程。

2）采用脉冲电流可以有效控制输入热量，改善焊接接头的性能。脉冲 MIG 焊的焊接电流由基值电流、脉冲电流、脉冲维持时间、脉冲间歇时间四个参数组成，可调节性强。通过调节这四个参数，可以实现在保证足够熔深的情况下，将焊接热输入控制在较低的水平。应用脉冲 MIG 焊，不仅适合焊接中、厚板，还非常适合焊接薄板，还可以方便地控制焊缝成形，尤其可以很方便地控制焊接热输入，这对于焊接对热循环敏感性较强的材料非常有利。

表 5-22 脉冲 MIG 焊获得喷射过渡的最小电流值 （单位：A）

焊丝材料	焊丝直径/mm			
	1.2	1.6	2.0	2.5
铝	20 ~ 25	25 ~ 30	40 ~ 45	60 ~ 70
铝镁合金	25 ~ 30	30 ~ 40	50 ~ 55	75 ~ 80
铜	40 ~ 50	50 ~ 70	75 ~ 85	90 ~ 100
不锈钢	60 ~ 70	80 ~ 90	100 ~ 110	120 ~ 130
钛	80 ~ 90	100 ~ 110	115 ~ 125	130 ~ 145
低合金钢	90 ~ 110	110 ~ 120	120 ~ 135	145 ~ 160

注：表中电流值为总电流平均值。

3）采用脉冲电流有利于实现全位置焊接。脉冲 MIG 焊可以实现在较小的热输入下达到喷射过渡，熔池体积小，冷却速度快。而且当脉冲电流大于临界电流时，熔滴过渡沿轴线方向，过渡有力。通过调节焊接参数，可以实现在任何位置焊接，熔池易于保持。

4）焊缝质量好。脉冲 MIG 焊的电弧对熔池的搅拌作用强，可以改变熔池的结晶条件和冶金性能，有利于消除气孔、偏析等焊接缺陷。

（2）熔化极脉冲氩弧焊焊接参数选择

1）基值电流。基值电流的作用是维持电弧的燃烧，预热焊丝和焊件，并能调节母材热输入。基值电流过大，会使脉冲焊的特点不明显，甚至在基值电流期间也会产生熔滴过渡，使熔滴过渡失去控制。基值电流过小，则电弧不稳定。通常基值电流选择 50 ~ 80A 比较合适。

2）脉冲电流。脉冲电流决定了熔滴过渡的形式，同时也影响母材熔深。要使熔滴过渡呈喷射过渡，脉冲电流必须大于临界电流值。

3）脉冲频率和脉冲宽比。脉冲 MIG 焊采用的脉冲频率一般为几十至几百赫兹。脉冲频率主要根据焊接电流来确定，电流较大时，频率应较高；电流较小时，频率应低一些。频率过高，会丢失脉冲焊特点；频率过低，焊接过程不稳定。对于一定的送丝速度，脉冲频率越大，熔滴尺寸越小；脉冲频率越大，母材熔深越大。脉宽比（即通电持续时间与脉冲周期的百分比值）反映脉冲焊接特点的明显与否。脉宽比越小，脉冲焊特征越明显。但脉宽比过小时，焊接电弧不稳定。脉宽比一般取 25% ~ 50%。

5.4.2　电渣焊

电渣焊是利用电流通过液态熔渣所产生的电阻热进行焊接的一种焊接方法，其焊接过程如图 5-16 所示。电源的一端接在电极（焊丝）上，另一端接在焊件上，电流通过电极和熔渣后再到焊件。由于熔渣电阻较大，将产生大量的电阻热，将熔渣加热到很高的温度（1700 ~ 2000℃），高温的熔渣将热量传递给电极和焊件，使其熔化，熔化的金属由于密度大而沉在底部形成熔池，熔渣则浮于上部。随着焊接过程连续进行，下部的金属逐渐冷却结晶形成焊缝。

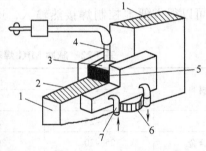

图 5-16　电渣焊
1—焊件　2—冷却滑块　3—渣池　4—焊丝　5—熔池　6—焊缝　7—冷却水管

1. 电渣焊的特点

（1）电渣焊的优点

1）不开坡口。大厚度焊件可一次焊成，且不开坡口，通常用于焊接厚度大于 40mm 的焊件。

2）焊缝缺陷少。由于热输入大，熔池存在时间长，所以不易产生气孔、夹渣和裂纹等。

3）焊接成本低。焊剂消耗量少，厚度越大，成本相对越低。

4）对参数变化不敏感。由于熔池的热容量大，对电流的短时间变化不敏感。

5）渣池对被焊件有较好的预热作用。焊接碳当量较高的金属时，不易出现淬硬组织，冷裂倾向较小；焊接中碳钢、低合金钢时均可不预热。

6）焊缝成形系数和熔合比调节范围大。通过调节焊接电流和电压，可以在较大的范围内调节焊缝成形系数和熔合比，较易调整焊缝的化学成分。

（2）电渣焊的缺点

1）焊接接头晶粒粗大。由于电渣焊时，焊件长期处于高温状态，所以热影响区宽，晶粒粗大，降低了焊接接头的力学性能。电渣焊后，一般都要进行焊后热处理，细化晶粒，改善接头的力学性能。这是电渣焊的主要缺点。

2）只适宜在垂直或接近垂直位置焊接。当焊缝中心线处于铅垂位置时，电渣焊形成熔池及焊缝成形条件最好，所以最适合于垂直位置焊缝的焊接，也可用于小角度倾斜焊缝（与水平面垂直线的夹角小于30°）的焊接。

2. 电渣焊的应用

电渣焊适用于焊接厚度较大的焊件（目前焊接的最大厚度达300mm），难以采用埋弧焊或气电立焊的某些曲线或曲面焊缝的焊接；适用于由于现场施工或起重设备的限制，必须在垂直位置焊接的焊缝，以及大面积的堆焊。电渣焊除可焊接碳钢、合金钢、铸铁外，也可焊接铝及铝合金、镁合金、钛及钛合金和铜等。钢板越厚、焊缝越长，采用电渣焊焊接越合理。推荐采用电渣焊焊接的板厚及焊缝长度参见表5-23。

表5-23 推荐采用电渣焊的板厚及焊缝长度

板厚/mm	30～50	50～80	80～100	100～150
焊缝长度/mm	>1000	>800	>600	>400

目前，电渣焊已成为大型金属结构制造的一种重要、成熟的加工手段，在重型机械、钢结构、大型建筑、锅炉、石油化工行业中获得了较广泛的应用。

5.4.3 电阻焊

电阻焊是焊件组合后通过电极施加压力，利用电流通过接头的接触面及邻近区域产生的电阻热进行焊接的方法。

1. 电阻焊的特点

1）由于是内部热源，热量集中，加热时间短，在焊点形成过程中始终被塑性环包围，故电阻焊冶金过程简单，热影响区小，变形小，易于获得质量较好的焊接接头。

2）电阻焊焊接速度快，特别对定位焊来说，其至1s可焊接4～5个焊点，故生产率高。

3）除消耗电能外，电阻焊不需消耗焊条、焊丝、焊剂等，可节省材料，成本较低。

4）操作简便，易于实现机械化、自动化。

5）电阻焊所产生的烟尘、有害气体少，改善了劳动条件。

6）由于焊接在短时间内完成，需要用大电流及高电极压力，因此焊机容量要大，其价格比一般弧焊机贵数倍至数十倍。

7）电阻焊机大多工作位置固定，不如焊条电弧焊等灵活、方便。

8）目前尚缺乏简单而又可靠的探伤方法。

2. 电阻焊的分类及应用

电阻焊的分类很多，目前常用的电阻焊主要是定位焊、缝焊、凸焊和对焊，如图5-17

所示。

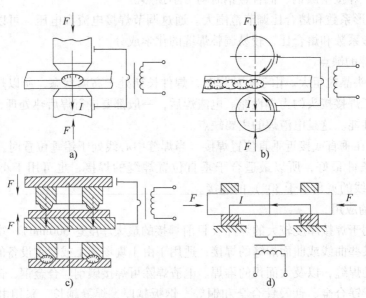

图 5-17　常见的几种电阻焊
a）定位焊　b）缝焊　c）凸焊　d）对焊

（1）定位焊　定位焊时，将焊件搭接装配后，压紧在两圆柱形电极间，并通以很大的电流，利用两焊件接触处的较大电阻，产生大量热量，迅速将焊件接触处加热到熔化状态，形成似透镜状的液态熔池（焊核），当液态金属达到一定数量后断电，在压力的作用下，液态金属冷却凝固形成焊点。主要用于带蒙皮的骨架结构（如汽车驾驶室、客车厢体、飞机机翼等）、铁钢网布和钢筋交叉点等的焊接。常见的定位焊机如图 5-18 所示。

（2）缝焊　缝焊与定位焊相似，也是采用搭接形式。在缝焊时，以旋转的滚盘代替定位焊时的圆柱形电极。焊件在旋转盘的带动下向前移动，电流断续或连续地由滚盘流过焊件时，即形成缝焊焊缝。缝焊的焊缝实质上是由许多彼此相重叠的焊点组成的。缝焊主要用于要求气密性好的薄壁容器，如汽车油箱等。由于焊接时焊点重叠，故分流很大，因此焊件不能太厚，一般不超过 2mm。常见的缝焊机如图 5-19 所示。

图 5-18　定位焊机

图 5-19　缝焊机

（3）对焊　对焊是将焊件装配成对接接头，使其端面紧密接触，利用电阻热将接触处加热至塑性状态，然后迅速施加顶锻力从而完成焊接的方法。对焊均采用对接接头，按加压和通电方式分为电阻对焊和闪光对焊。

1）电阻对焊。电阻对焊时，将焊件置于钳口（即电极）中夹紧，并使两端面压紧，然后通电加热，当零件端面及附近金属加热到一定温度（塑性状态）时，突然增大压力进行顶锻，使两个零件在固态下形成牢固的对接接头。电阻对焊仅用于小断面（小于250mm）金属型材的焊接，如管道、拉杆、小链环等。由于接头中易产生氧化物杂质，焊接某些合金钢及非铁金属时常在氩、氮等保护气氛中进行。

2）闪光对焊。闪光对焊是对焊的主要形式，在生产中应用十分广泛。闪光对焊时，将焊件置于钳口中央夹紧后，先接通电源，然后移动可动夹头，使焊件缓慢靠拢并接触，因端面个别点的接触而形成火花，加热到一定程度后（端面有熔化层，并沿长度方向有一定塑性区）后，突然加速送进焊件，并进行顶锻，这时熔化金属被全部挤出结合面，靠大量塑性变形形成牢固接头。

（4）凸焊　凸焊是定位焊的一种变型，是在一焊件的贴合面上预先加工出一个或多个凸起点，使其与另一焊件表面相接触并通电加热，然后压塌，使这些接触点形成焊点的电阻焊方法。

5.4.4　钎焊

钎焊是采用比母材熔点低的金属材料作钎料，将焊件和钎料加热到高于钎料熔点、低于母材熔点的温度，利用液态钎料润湿母材，填充接头间隙，并与母材相互扩散而实现连接焊件的方法。其过程如图5-20所示。

1. 钎焊的特点

其优点是：

1）钎焊接头平整光滑，外形美观，适合于精密、复杂焊件的焊接。

2）焊件变形小，尤其是对焊件采用整体均匀加热的钎焊方法。

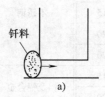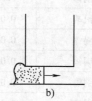

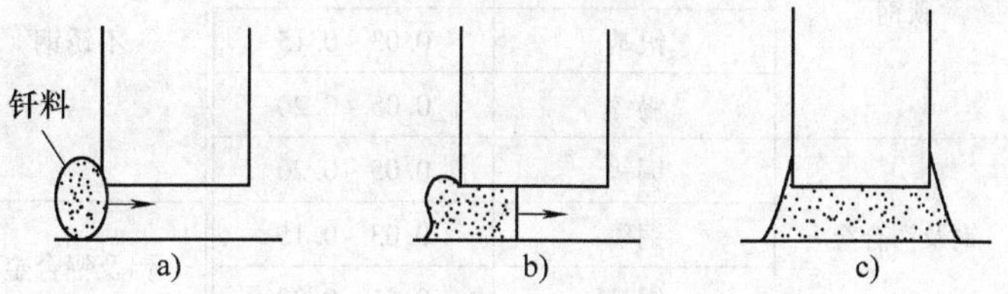

钎料

a)　　　　　　b)　　　　　　c)

图 5-20　钎焊过程示意图

a）在接头处安置钎料，并对焊件和钎料进行加热　b）钎料熔化并开始流入钎焊间隙　c）钎料填满整个钎焊间隙，凝固后形成钎焊接头

3）钎焊加热温度较低，对母材组织和性能影响较小。

4）可以一次完成多个零件的连接，生产率高。

5）可以连接不同的金属，以及金属与非金属。

其缺点是：

1）钎焊接头强度低，耐高温能力差。

2）钎焊的装配要求高，间隙一般要求在 0.01～0.1mm 范围内。

3）钎焊的接头形式以搭接为主，增加了结构重量。

2. 钎焊的应用

钎焊应用领域很多。在国防和尖端技术部门中，如喷气发动机、火箭发动机、原子能设备制造中，都大量采用钎焊技术。在机电制造业中，钎焊技术已用于制造硬质合金刀具、钻头、电缆、汽轮机叶片等。在电子工业和仪表制造中，在许多情况下钎焊是唯一可能的连接方法，如制造电子管、微波管等。

3. 钎焊工艺

（1）钎焊接头形式　钎焊时钎缝的强度比母材低，大多采用增加搭接面积来提高承载能力的搭接接头。一般搭接接头的长度为板厚的 3~4 倍，但不超过 15mm。常用钎焊接头形式如图 5-21 所示。

（2）焊前准备　焊接前应使用机械方法或化学方法，除去焊件表面氧化膜。为防止液态钎料随意流动，常在焊件非焊表面涂阻流剂。

（3）接头装配间隙　接头装配间隙应适当，间隙过小，钎料流入困难，在钎缝内易形成夹渣或未钎透，导致接头强度下降；间隙过

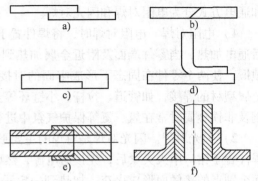

图 5-21　钎焊接头形式
a）搭接　b）、c）对接接头局部搭接
d）T 形接头局部搭接　e）管件的套
接接头　f）管件与管座套接接头

大，毛细作用减弱，钎料不能填满间隙，使钎缝强度降低，同时间隙过大也使钎料消耗过多。常用材料的钎缝间隙见表 5-24。

表 5-24　常用材料的钎缝间隙

钎焊金属	钎料	间隙/mm	钎焊金属	钎料	间隙/mm
碳钢	铜	0.01~0.05	不锈钢	铜	0.01~0.05
	铜锌	0.05~0.20		银基	0.05~0.20
	银基	0.03~0.15		锰基	0.01~0.05
	锡锌	0.05~0.20		镍基	0.02~0.10
铜及铜合金	铜锌	0.05~0.20	铝及铝合金	锡铅	0.05~0.20
	铜磷	0.03~0.15		铝基	0.10~0.25
	银基	0.05~0.20		锌基	0.10~0.30

（4）钎焊焊接参数　钎焊焊接参数主要是钎焊温度和保温时间。钎焊温度一般高于钎料熔点 25~60℃，温度过高或过低都不利于保证焊缝质量。钎焊保温时间应使焊件金属与钎料发生足够的作用，钎料与焊件金属作用强的取短些；间隙大的、焊件尺寸大的则取长些。

（5）钎焊后清洗　钎剂残渣大多数对钎焊接头起腐蚀作用，同时也妨碍对钎缝的检查。所以，钎焊后须清除残渣。

5.4.5　高能束焊

由于真空电子束、激光和压缩电弧产生的能量密度特别高，所以将真空电子束焊、激光焊和等离子弧焊统称为高能束焊。本节主要介绍真空电子束焊和激光焊。

1. 真空电子束焊

真空电子束焊是利用电子枪产生的电子束流，在强电场的作用下以极高的速度撞击焊件

表面，把部分动能转换成热能而使焊件熔化，进而形成焊缝的一种工艺方法，如图5-22所示。

（1）真空电子束焊的特点

其优点是：

1）功率密度高。由于真空电子束焊加热集中，能量密度高，所以适合焊接难熔金属及热敏感性强的金属。又因焊接速度快（125~200m/h），焊接变形小，热影响区很小，故可对精加工后的零件进行焊接。

2）焊缝深宽比大。通常电弧焊的深宽比不超过2，而真空电子束焊的深宽比可达10~30，所以真空电子束焊基本上不产生角变形，适合于厚度较大的钢板不开坡口的单道焊。图5-23所示为真空电子束焊焊缝形状示意图。

图5-22　真空电子束焊

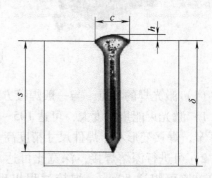

图5-23　真空电子束焊焊缝形状示意图

3）焊接金属纯度高。电子束的焊接工作室一般处于高真空状态，真空工作室为焊接创造了高纯洁的环境，因而不需要保护气体就能获得无氧化、无气孔和无夹渣的优质焊接接头。

4）工艺适应性强。焊接参数便于调节，且调节范围很宽，对焊接结构有很强的适应性。

其缺点是：

1）设备比较复杂，价格较高。

2）焊接前对接头加工、装配要求严格，需保证接头位置准确、间隙小且均匀。

3）真空电子束焊接时，焊件尺寸和形状常受工作室的限制，每次装卸焊件需重新抽真空。

4）电子束易受杂散电磁场的干扰。

5）焊接时产生X射线，对人体健康有危害。

（2）真空电子束焊的应用　真空电子束焊可用于焊接低合金钢、非铁金属、难熔金属、复合材料、异种材料等，且薄板、厚板均可。特别适用于焊接厚件及要求变形很小的焊件、真空中使用的器件、精密微型器件等。近年来我国在汽车制造、电子和仪表工业中都应用了真空电子束焊。

2. 激光焊

激光焊是以聚焦的激光束作为能源，利用其轰击焊件所产生的热量进行焊接的方法，如

图 5-24 所示。

图 5-24　激光焊

（1）激光焊的特点　与一般焊接方法相比，激光焊具有以下优点：

1）激光束能量密度大，可达 $105 \sim 107 W/cm^2$ 甚至更高，加热过程极短，焊点小，热影响区窄，焊接变形小，焊件尺寸精度高。

2）可进行深熔焊接，深宽比可达 12：1，不开坡口单道可焊透 50mm，焊接过程出现小孔效应，激光焊深熔焊接如图 5-25 所示。

3）可以焊接常规焊接方法难以焊接的材料，如钨、钼、钽、锆等难熔金属，甚至可用于非金属的焊接，如陶瓷、有机玻璃等。

4）激光能反射、透射，能在空间传播相当距离而衰减很小，可进行远距离或一些难接近部位的焊接。

5）可以在空气中焊接非铁金属，而不需外加保护气体；与真空电子束焊相比，激光焊不需真空室，不产生 X 射线，且不受电磁场干扰，可焊接磁性材料。

图 5-25　激光焊深熔焊接示意图

6）一台激光器可完成焊接、切割、合金化和热处理等多种工作。

激光焊的缺点主要为：一次性投入大，对高光谱反射因数的材料难以直接进行焊接等。

（2）激光焊的应用　激光焊可以焊接低合金高强度钢、不锈钢及铜、镍、钛合金等各种金属，以及非金属材料（如陶瓷、有机玻璃等）；目前主要应用于电子仪表、航空、航天、原子核反应堆等领域。

5.4.6　气焊与气割

1. 气焊

气焊是利用可燃气体与助燃气体通过焊炬（钎炬）按一定比例混合后燃烧产生的气体火焰为热源，进行焊接的一种工艺方法，如图 5-26 所示。

（1）气焊的特点及应用　　具有设备简单、操作方便、质量可靠、成本低、适应性强等特点。主要应用于焊接薄板、小直径薄壁管、铸铁、非铁金属、低熔点金属和硬质合金等。气焊火焰还可用于进行钎焊、热喷涂和构件变形的火焰矫正等。

（2）气焊工艺

1）气焊火焰。常用的气焊火焰是乙炔与氧混合燃烧所形成的火焰，也称氧乙炔焰。根据氧与乙炔混合比的大小不同，可得到三种不同性质的火焰，即中性焰、碳化焰和氧化焰，其构造和形状如图 5-27 所示，特点见表 5-25。

2）焊件的接头形式和焊前准备。气焊可以焊接平、立、横、仰各种空间位置的焊缝。气焊时主

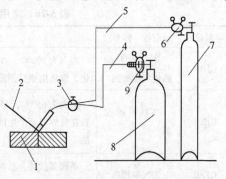

图 5-26　气焊
1—焊件　2—焊丝　3—调节开关
4、5—输气管　6、9—流量计
7、8—气瓶

要采用对接接头；而角接接头和卷边接头只在焊薄板时使用；很少使用搭接接头和 T 形接头，因为这些接头会使焊件焊后产生较大的变形。对接接头中，当钢板厚度大于 5mm 时，必须开坡口。气焊前，必须重视对焊件的清理工作，清除焊丝和焊接接头表面的油污、铁锈及水分等，以保证焊接接头的质量。

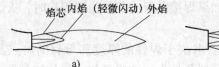 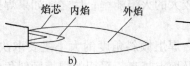 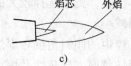

图 5-27　氧乙炔焰的构造和形状
a）中性焰　b）碳化焰　c）氧化焰

表 5-25　氧乙炔焰的种类及特点

火焰种类	氧气与乙炔混合比	火焰最高温度/℃	火焰特点
中性焰	1.1～1.2	3050～3150	氧气与乙炔充分燃烧，既无过量的氧，也无过剩的乙炔。焰芯明亮，轮廓清楚，内焰具有一定的还原性
碳化焰	<1.1	2700～3000	乙炔过剩，火焰中有游离状态的碳和氢，具有较强的还原作用，也有一定的渗碳作用。碳化焰整个火焰比中性焰长
氧化焰	>1.2	3100～3300	火焰中有过量的氧，具有强烈的氧化性，整个火焰较短，内焰和外焰层次不清

3）气焊焊接参数。

①焊丝的牌号与直径。焊丝牌号的选择原则为：根据焊件材料的力学性能或化学成分，选择相应性能或成分的焊丝。焊丝直径的选用，要根据焊件的厚度来决定，焊接 5mm 以下板材时，焊丝直径要与焊件厚度相近，一般选用直径为 1～3mm 的焊丝。

②气焊熔剂。气焊熔剂的选择要根据焊件的成分及其性质而定。一般碳素结构钢气焊时不需要气焊熔剂；而不锈钢、耐热钢、铸铁、铜及铜合金、铝及铝合金气焊时，则必须采用

气焊熔剂。气焊熔剂牌号的选择见表5-26。

表 5-26　常用气焊熔剂的牌号、性能及用途

焊剂牌号	名　称	基 本 性 能	用　途
CJ101	不锈钢及耐热钢气焊焊剂	熔点为900℃，有良好的润湿作用，能防止熔化金属被氧化，焊后熔渣易清除	用于不锈钢及耐热钢气焊
CJ201	铸铁气焊焊剂	熔点为650℃，呈碱性反应，具有潮解性，能有效地去除铸铁在气焊时所产生的硅酸盐和氧化物，有加速金属熔化的功能	用于铸铁件气焊
CJ301	铜气焊焊剂	系硼基盐类，易潮解，熔点约为650℃。呈酸性反应，能有效地熔解氧化铜和氧化亚铜	用于铜及铜合金气焊
CJ401	铝气焊焊剂	熔点约为560℃，呈酸性反应，能有效地破坏氧化铝膜，因极易吸潮，在空气中能引起铝的腐蚀，焊后必须将熔渣清除干净	用于铝及铝合金气焊

　　③火焰的性质及能率。气焊火焰能率主要是根据每小时可燃气体（乙炔）的消耗量（Uh）来确定的，而气体消耗量又取决于焊嘴的大小。焊嘴号码越大，火焰能率也就越大。在实际生产中，焊件较厚，金属材料熔点较高，导热性较好（如铜、铝及其合金），焊缝又是平焊位置，则应选择较大的火焰能率；反之，如果焊接薄板或其他位置焊接时，火焰能率要适当减小。

　　④焊炬的倾斜角度。焊炬倾斜角度的大小主要取决于焊件的厚度和母材的熔点及导热性。焊件越厚、导热性及熔点越高，采用的焊炬倾斜角越大，这样可使火焰的热量集中；相反，则采用较小的倾斜角。在气焊过程中，焊丝与焊件表面的倾斜角一般为30°～40°，它与焊炬中心线的角度为90°～100°，如图5-28所示。

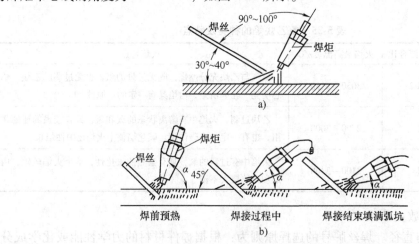

图 5-28　焊炬与焊丝的位置
a) 焊丝与焊炬、焊件的角度　b) 焊炬、焊丝角度的变化

　　⑤焊接方向。气焊时，按照焊炬和焊丝的移动方向不同，可分为右向焊法和左向焊法两种。

a. 右向焊法。右向焊法如图 5-29a 所示，焊炬指向焊缝，焊接过程自左向右，焊炬在焊丝面前移动。右向焊法适合焊接厚度较大、熔点及导热性较高的焊件，但右向焊法不易掌握，一般较少采用。

b. 左向焊法。左向焊法如图 5-29b 所示，焊炬指向焊件未焊部分，焊接过程自右向左，而且焊炬是跟着焊丝走。这种方法操作简单，容易掌握，适宜于薄板的焊接，是普遍应用的方法。缺点是焊缝易氧化，冷却较快，能量利用率低。

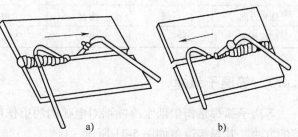

图 5-29　焊接方向
a）右向焊法　b）左向焊法

⑥焊接速度。一般情况下，厚度大、熔点高的焊件，焊接速度要慢一些，以免产生未焊透的缺陷；厚度小、熔点低的焊件，焊接速度要快一些，以免烧穿和使焊件过热，降低产品质量。在保证焊接质量的前提下应尽量加快焊接速度，以提高生产率。

2. 气割

气割是利用气体火焰的能量将金属分离的一种加工方法，是生产中钢材分离的重要手段，如图 5-30 所示。

图 5-30　气割

（1）气割的特点及应用　气割是利用气体火焰的热量将工件切割处预热到一定温度后，喷出高速切割氧流，使其燃烧并放出热量实现切割的方法。气割具有设备简单、方法灵活、基本不受切割厚度与零件形状限制、容易实现机械化和自动化等优点，广泛应用于切割低碳钢和低合金钢零件。

（2）气割的工艺参数　气割的工艺参数包括切割氧压力、切割速度、预热火焰能率、割炬与工件间的倾角，以及割炬离工件表面的距离等。

1）切割氧压力。切割氧的压力与工件厚度、割嘴号码及氧气纯度等因素有关。随着工件厚度的增加，选择的割嘴号码要增大，氧气压力也要相应增大。反之，所需氧气的压力可适当降低。

2）切割速度。工件越厚，切割的速度越慢；反之，工件越薄，则切割速度应该越快。切割速度太慢，会使切口边缘熔化；切割速度过快，则会产生很大的后拖量或割不穿。

3）预热火焰的性质。气割时，预热火焰应采用中性焰或轻微的氧化焰，而不能采用碳化焰，碳化焰会使切口边缘增碳。

4）割炬与工件间的倾角。割炬与工件间的倾角大小，主要根据工件的厚度确定，可按表 5-27 选择。如果倾角选择不当，不但不能提高切割速度，反而使气割困难，而且还会增加氧气的消耗量。

5）割炬离工件表面的距离。火焰焰芯离工件表面的距离应保持在 3 ~ 5mm 范围内。因为这样的加热条件好，切割面渗碳的可能性最小。

表 5-27　割炬与工件倾斜角的选择

工件厚度/mm	<6	6~30	>30		
			气割	割穿后	停割
倾角方向	后倾	垂直	前倾	垂直	后倾
倾斜角度	25°~45°	0°	5°~10°	0°	5°~10°

5.4.7　等离子弧焊

等离子弧焊是指借助水冷喷嘴对电弧的约束作用，获得较高能量密度的等离子弧进行焊接的方法，其焊接设备如图 5-31 所示。

图 5-31　等离子弧焊设备

1. 等离子弧焊的特点

其优点是：

1）温度高、能量集中。能量密度可达 $105 ~ 106W/cm^2$；电弧温度高（弧柱中心可达 24000~50000℃以上）；电弧穿透能力强，在不开坡口，不加填充焊丝的情况，可一次焊透厚度为 8~10mm 不锈钢板。

2）等离子弧焊的焊缝质量对弧长的变化不敏感。这是由于等离子弧的形态接近圆柱形，发散角小，约为 5°左右，挺直度好。弧长发生波动对加热斑点的面积影响很小，易获得均匀的焊缝形状。工件上受热区域小，弧影响区窄，因而薄板焊接变形小。而自由电弧呈圆锥形，发散角约为 45°，对工件距离变化敏感性大。

3）等离子弧能量分布均匀。等离子弧受到三种压缩作用，弧柱截面小，电场强度高，因此，等离子弧的最大压降是在弧柱区，主要是利用弧柱区的热功率加热工件，等离子弧在整个弧长上都具有很高的温度。

4）适合焊接精密件。等离子电弧由于压缩效应及热电离度较高，电流较小时仍很稳定。配用新型的焊接电源，焊接电流可以小到 0.1A，这样小的电流也可达到电弧稳定燃烧，特别适合于焊接微型精密零件。

5）容易获得单面焊双面成形。通过调节合适的焊接参数，等离子弧焊可产生稳定的小孔效应，通过小孔效应，正面施焊时可获得良好的单面焊双面成形。与钨极氩弧焊相比，在相同的焊缝熔深情况下，等离子弧焊的焊接速度要快得多。

其缺点是：

1) 可焊厚度有限，一般在 25mm 以下。

2) 焊枪及控制线路比较复杂，喷嘴的使用寿命很短。

3) 焊接参数较多，对焊接操作人员的技术水平要求较高。

4) 等离子弧枪结构复杂，不仅比较重，而且手工焊时操作人员还较难观察焊接区域。

5) 使用转移弧时，当焊接参数选择不当，或喷嘴多次使用后有损伤时，就会在钨极-喷嘴-工件之间产生串联电弧，即双弧现象。双弧的产生，说明弧柱与喷嘴之间的冷气膜遭到了破坏，转移弧电流减小，将导致焊接过程不正常，甚至喷嘴很快就烧坏。

6) 由于枪体比较大，钨极内缩在喷嘴里面，因此对某些接头形式根本无法施焊。

2. 等离子弧焊的应用

可用钨极氩弧焊焊接的金属均可以用等离子弧焊进行焊接，如碳钢、低合金钢、不锈钢、铜及铜合金、钛及钛合金、镍及镍合金等。但低熔点和低沸点金属，如铅、锌等不适用等离子弧焊。

等离子弧还可以用来进行堆焊和喷涂，等离子弧堆焊和喷涂的主要优点是生产效率和质量高，尤其是涂层的结合强度和致密性高于火焰喷涂和一般电弧喷涂。

5.4.8　超声波焊、摩擦焊、扩散焊

1. 超声波焊

利用超声波的高频振荡器对焊接接头进行局部加热和表面清理，然后施加压力实现焊接的一种压焊方法，称为超声波焊。其常见设备如图 5-32 所示。

(1) 超声波焊的特点

1) 能实现同种金属、异种金属、金属与非金属以及塑料之间的焊接。

2) 由于是一种固相焊接方法，因而不会对半导体等材料引起高温污染及损伤。特别是在微电子器件中，半导体硅片与金属细丝（Au、Ag、Al、Pt、Ta）的精密焊接是超声波焊接方法最重要、最成功的一个应用领域。

3) 容易焊接高热导率及高电导率的材料。如金、银、铜、铝等材料最容易焊接。

4) 与电阻定位焊相比较，耗用功率仅为电阻

图 5-32　超声波焊机

定位焊的 5% 左右。焊接变形小于 3%～5%。焊点强度及强度稳定性平均提高 15%～20%。

5) 对表面的清洁度要求不高，允许少量的氧化膜及油污等存在。甚至可以焊接带聚合物薄膜的金属。根据这一特点，近年来发展了先胶后定位焊的超声波胶定位焊方法。

金属超声波焊除以上特点外，存在的一个主要缺点是：焊接所需的功率随工件厚度及硬度的提高呈指数剧增，因而只限用于丝、箔片等薄件的焊接。此外，虽然近年来已发明了超声波对焊方法，但绝大多数情况下超声波焊只适用于搭接接头焊接。

（2）超声波焊的应用

1）电器工业。超声波能有效地焊接各种电接头，因为它能产生可靠的低电阻接头，而且对零件没有污染，也不产生热变形。

2）电子工业。主要用于微电子器件的连接。如将细铝、金属引线焊到晶体管、二极管及其他半导体元件上；使细丝薄带与薄片及微型线路相连接；将二极管、集成电路片直接焊到基片上。微型电路及电子元件可用超声波环焊有效地密封。如晶体管与二极管等的管壳能牢固地焊封，而且内部高清洁度的零件不会被污染。

3）包装工业。广泛用于封装业务，从轻箔小包装到密封管壳，用超声环焊、缝焊和直线焊能焊成气密性封装结构，如铝制罐及挤压管的密封，食品、药品和医疗器械等的无污包装，精密仪器部件及雷管的包装等。

4）塑料工业。如塑料的焊接，金属与塑料的连接及聚酯织物的缝纫等。

5）其他应用。超声波连续缝焊是箔材轧制厂中用以连接零件或任意长度薄板的工艺方法；在宇宙飞船的核电转换装置中，用来焊接铝与不锈钢的膜合组件。

2. 摩擦焊

摩擦焊是利用工件接触端面相对运动中相互摩擦所产生的热，使端部达到热塑性状态，然后迅速顶锻完成焊接的一种压焊方法，如图 5-33 所示。

（1）摩擦焊的特点

1）接合表面的清洁度不像电阻对焊时那么重要，因为摩擦过程能破坏和清除表面层。

2）局部受热与不发生熔化使得摩擦焊比其他焊接方法更适于焊接异种金属。

3）大批量生产，易实现机械化和自动化。

4）电功率和总能量消耗比其他焊接方法小，比闪光焊可节能80% ～90% 。

5）工作场地卫生，没有火花、弧光、飞溅及有害气体和烟尘。

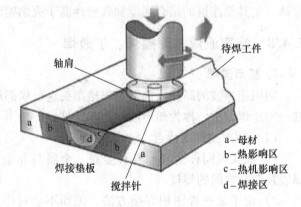

图 5-33　摩擦焊

6）摩擦焊主要是一种工件高速旋转的焊接方法，其中一个工件必须有对称轴，且它能绕此轴旋转。因此工件的形状和尺寸受到限制，对于非圆形截面工件的焊接很困难；盘状工件或薄壁管件，由于不易夹紧也很难施焊。

7）由于受摩擦焊机主轴电动机功率和压力的限制，目前最大焊接的截面仅为200cm^2。

8）摩擦焊机的一次性投资较大，只有大批量集中生产时，才能降低焊接生产成本。

（2）摩擦焊的应用　摩擦焊已在各工业部门获得广泛应用。下面列举一些行业已经应用摩擦焊制造的产品。

刀具制造业：钻头、立铣刀、丝锥、铰刀、拉刀等的毛坯焊接，通常是切削刃部（高速钢）与圆刀柄部（碳钢）之间采用摩擦焊。机器制造业：轴类零件、管子、螺杆、顶杆、拉杆、拨叉、机床主轴、铣床刀杆、地质钻杆、液压千斤顶、轴与法兰盘等。汽车、拖拉机制造业：半轴、齿轮轴、柴油机增压器叶轮、汽车后桥轴头、排气阀、活塞杆、双金属轴瓦等。锅炉制造中蛇形管的对接；石油化工行业中石油钻杆、管道；阀门制造中的高压阀门的阀体焊接；电工行业铜-铝接线端子焊接；轻工纺织机械中的小型轴类、辊类、管类零件；自行车零件的制造，如涨闸的摩擦焊等。

3. 扩散焊

扩散焊是在一定的温度和压力下使待焊表面相互接触，通过微观塑性变形或通过待焊面产生的微量液相而扩大待焊表面的物理接触，然后经较长时间的原子相互扩散来实现冶金结合的一种焊接方法。

（1）扩散焊的特点

1）焊接温度一般为 0.4~0.8 倍的母材熔化温度，因此排除了由于熔化给母材带来的影响。

2）可焊接不同种类的材料。

3）可焊接结构复杂、封闭型焊缝，厚薄相差悬殊，要求精度很高的各种工件。

4）根据需要可使接头的成分、组织和母材均匀化，使接头的性能与母材相同。

但由于扩散焊要求表面十分平整、光洁，并能均匀加压，因而适用范围受到一定限制。

扩散焊与其他焊接方法相比较，具有以下一些优点和缺点。

扩散焊的优点：①接头质量好；②零部件变形小；③可一次性焊接多个接头；④可焊接大断面接头；⑤可焊接其他焊接方法难以焊接的材料。

扩散焊的缺点：①对零件待焊表面的制备和装配的要求较高；②焊接热循环时间长，生产率低；③设备一次性投资较大，而焊接工件的尺寸受到设备的限制；④对焊缝的焊接质量尚无可靠探伤手段。

（2）扩散焊应用 扩散焊很适于焊接特殊的材料或特殊的结构。这样的材料和结构在宇航、核能、电子工业中很多，因而扩散焊在这些部门中应用很广泛。宇航、核能等工程中很多零部件是在极恶劣的环境下工作的，如要求耐高温、耐辐射，且其结构形状一般较特殊，如采用空心轻型结构（例如蜂窝结构等），它们之间的连接又多是异种材料的组合，扩散焊成为制造这些零部件的优先选择。扩散焊也可以焊接多种耐热钢和耐热合金，可制成高效率燃气轮机的高压燃烧室、发动机叶片、导向叶片和轮盘等。用扩散焊还可将陶瓷、石墨、石英、玻璃等非金属材料与金属焊接，例如钠离子导电体玻璃与铝箔或铝丝焊接成电子工业元件等。

练习与思考

1. 焊条电弧焊的焊接参数主要包括哪些？

2. 什么是直流正接、反接？焊条电弧焊时应该如何选择电源极性？

3. CO_2 气体保护焊有哪些焊接参数？如何选择焊接电流？

4. 埋弧焊的焊接参数有哪些？试分析焊接电流、焊接速度、电弧电压对焊缝成形的影响？

5. 钨极氩弧焊时，为什么通常采用直流正接？焊接铝、镁及其合金又应采用哪种电源极性？为什么？

6. 什么叫"阴极破碎"作用？

7. 简述熔化极氩弧焊的特点。

8. 电渣焊的特点有哪些？主要用在哪些场合？

9. 什么是电阻焊？常见的电阻焊方法有哪些？

10. 钎焊的原理是什么？

11. 气焊与气割的特点及工艺参数有哪些？

教学单元6 焊接结构

【教学目标】
1) 了解焊接结构的应用，认识焊接结构的特点。
2) 熟悉焊缝的表示方法。
3) 熟悉焊接结构制造的基本过程。

6.1 焊接结构概述

所谓焊接结构，就是以金属材料的板材、型材、铸件及锻件为基本元件，用焊接方法连接起来的金属结构。目前焊接结构已广泛应用于许多行业和领域，如汽车制造、石油化工、压力容器、矿山机械、船舶制造、起重设备、航空航天、建筑结构、核动力设备等。随着焊接技术向机械化、自动化方面的发展，焊接结构的应用领域和范围也日益扩大。

6.1.1 焊接结构设计应该注意的问题

焊接结构和焊接接头的形式多种多样，设计者在设计时有充分的选择余地，但是必须考虑工艺上实现的难易程度和接头所处的位置对于结构强度的影响，以便确定最合理的焊接结构及接头形式。不合理的结构设计不但制造困难，生产成本高，而且往往可能会降低结构的承载能力和使用寿命。

1. 铆接结构不能轻易改成焊接结构

虽然许多焊接结构是从铆接结构改过来的，但如果不加分析地把铆接结构改成焊接结构，把铆钉换成焊缝，往往会产生严重的问题。例如，轻便桁架的节点构造如图6-1所示，铆接节点如图6-1b所示，并不存在严重的应力集中，而且也不存在很高的内应力。如果把它改为焊接节点（图6-1a），各连杆直接焊在弦杆上，则焊缝密集，会造成应力集中严重，而

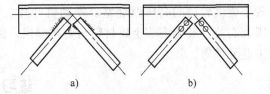

图6-1 焊接节点和铆接节点

且焊接残留应力很高，当结构承受动载荷时，将降低其使用寿命。从这一简单实例说明，随意地把铆接接头的铆钉去掉换成焊缝不一定合适。焊接结构应具有它自己的独特结构形式，例如焊接板梁的工艺性好，承受动载荷时强度也令人满意，所以承受动载荷的焊接结构多采用板梁形式。而铆接结构较少采用板梁形式，多采用桁架形式，所以至今许多桥梁上的桁架仍保留着铆接的形式。

2. 对接接头不宜采用盖板加强形式

在设计焊接结构时，确定接头形式是个重要问题，在各种焊接接头中以对接接头最为理想。质量优良的对接接头，其强度可以与母材相等。对接焊缝通常垂直于两被连接件的轴线，而不是采用斜焊缝。只有在被连接件的宽度较小时（如宽度小于100mm），才可以考虑

采取倾斜45°的焊缝。用盖板加强对接接头（图6-2）是不合理的设计，带角焊缝的接头由于应力分布极不均匀，动载强度较低，尤其是单盖板接头，动载性能更差。

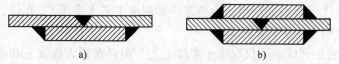

a)　　　　　　　　b)

图6-2　盖板加强对接接头

3. 焊接接头应避开高应力区

焊接接头的布置合理与否对于结构的强度有较大影响。尽管质量优良的焊接接头可以与母材等强度，但是由于在实际焊缝中难免会存在工艺缺陷，使结构的承载能力降低，所以设计者往往设法使焊接接头避开应力最高的位置。例如，小直径的压力容器，采用图6-3a所示的大厚度平封头连接形式会使应力集中严重，使承载能力降低，而在封头上加工一个缓和槽（图6-3b）就可降低接头处的刚度，从而改善了接头的工作条件，避免在焊缝根部产生严重的应力集中。

4. 焊接应力分布应均匀

如图6-4所示为两个工字钢的垂直连接，如果两者直接连接而不加肋板（图6-4a），则连接翼缘和柱的焊缝会由于应力分布不均，使焊缝中段具有较大的应力。若在柱上加焊肋板（图6-4b），则应力分布比较均匀，承载能力将大大提高，是比较合理的结构形式。

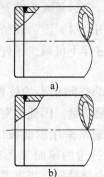

a)

b)

图6-3　平封头的连接形式

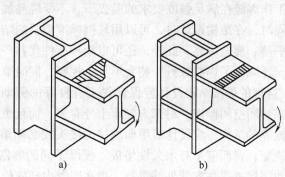

a)　　　　　　b)

图6-4　工字钢的连接

另外，在集中载荷作用处，必须有较高的刚度来支持。例如，两个支耳直接焊在工字钢的翼缘上（图6-5a），因背面没有任何依托，在载荷作用下，支耳两端的焊缝及母材的工作应力很大，极易产生裂纹。若将两支耳改为一个，焊在工字钢翼缘板的中部，此时支耳背有腹板支撑（图6-5b），在受力时有了可靠的依托，则应力分布较为均匀，其强度也能得到保证。

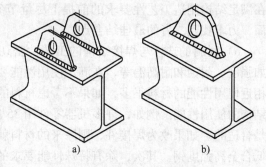

a)　　　　b)

图6-5　支耳的布置形式

5. 确保焊接结构具有好的工艺性和经济性

工艺性不好的结构设计不仅制造困难，而

且往往增加产品成本，所以结构的工艺性和经济性是紧密相连的。

焊接结构的工艺性和经济性受许多因素制约，首先应该满足结构的使用性能，其次应该适应一定的生产条件（产品的产量、设备条件和制造工艺水平等）。在设计焊接结构时，对其工艺性和经济性应考虑下列诸因素：

1）焊接结构的生产成本不仅取决于焊接工艺，而且在很大程度上和备料及装配工作有关，所以单从焊接工艺方面来分析工艺性和经济性是不全面的。以对接接头的坡口加工为例，对接焊缝每米长度上的熔敷金属量随坡口形式而异，如厚度为 40mm 的对接焊缝，V 形坡口的熔敷金属是 14kg；X 形坡口是 7.6kg；U 形坡口是 8.3kg；双 U 形坡口是 7.2kg。从熔敷金属量来看，双 U 形坡口最经济。但是双 U 形坡口必须机械切削加工，而 X 形坡口可以由气割加工，所以开双 U 形坡口成本较高。至于在实际工作中需要采用哪种工艺，应根据实际情况（生产条件、技术等级要求等）而定。

2）要使每条焊缝都便于施焊，必须保证焊缝周围有供焊工自由操作和焊接装置正常运行的条件。不同的焊接方法有不同的焊接设备，要求的条件也不同。例如，设计用半自动 CO_2 气体保护焊焊接的结构，要考虑到焊枪必须有正确的操作位置和空间，才能保证获得良好的焊缝成形。另外，尽量使焊缝都能在工厂中焊接，减少工地焊接量；减少焊条电弧焊焊接量，扩大自动焊焊接量；双面对焊时，操作方便的一面用大坡口，施焊条件差的一面用小坡口。这些都是使焊缝设计趋于合理，提高生产率的有效途径。

3）从结构的工艺性和经济性分析，焊接结构应力求减少焊接工作量，即尽量减少工作焊缝。工作焊缝在满足强度要求的前提下，不要轻易加大焊缝尺寸，应尽量减少填充焊缝金属量。同时，在结构设计时，可以用轧制标准型材的结构应尽量采用型材，因为轧制型材表面光滑平整、质量可靠。此外，还可以用冲压件代替一部分焊件，这样不仅减少了许多备料工作量，还减少了焊缝数量，使变形易于控制，同时节约了成本。

4）合理的焊接结构设计应保证焊工有良好的劳动条件。在活动空间很小的位置施焊，尤其是在封闭空间操作，对工人健康十分有害，而且也很难保证焊接质量。因此，对于无法在里面施焊的结构，应设计成单面焊接的接头或必须熔透的接头，通常采用单面坡口形式。为防止烧穿，背面应带有永久性垫板，板厚不同的容器应尽量开带钝边的单面 V 形或 U 形坡口，使焊接工作在容器外部进行，把在容器内部施焊的工作量减少到最低。当重要的结构不允许带永久性垫板时，则采用成本较高的单面焊背面成形的焊接工艺。

5）合理利用材料是降低结构成本的重要途径，设计者和制造者都必须考虑这个问题。节省材料与追求制造工艺性常常会发生矛盾，在这种情况下必须综合全面分析，总的原则是在满足结构制造工艺性要求的前提下尽量节省材料，不应为片面追求一方面而损害另一方面，力求找到二者的最佳结合点。

6）材料的选择与焊接结构的工艺性密切相关。选择材料时必须考虑结构的使用要求，如强度、耐蚀和耐高温等，在满足使用性能要求的前提下还首先应考虑材料的焊接性。具有相近使用性能的材料很多，如果不考虑材料的焊接性，则在生产中会造成困堆，甚至会影响结构的使用性能。例如，许多机器零件用 35 钢或 45 钢制造，这些钢含碳量高，作为铸钢件是合适的。如果改为焊接件，则原来的材料就不合适了，而应选用强度相当的焊接性较好的低合金高强度钢。其次，除有特殊性能要求的部位采用特种金属外，其余均采用能满足一般要求的廉价金属。例如，有防腐要求的结构，可以采用以普通碳素钢为基体、不锈钢为工作面的复合钢板，或者基体表面上堆焊耐蚀层；有耐磨要求的结构，仅在工作面上堆焊耐磨合金或热喷涂耐磨层等。

7）焊接结构的设计应便于质量检验。即焊缝周围要有可以探伤的条件，用不同的探伤方法相应有不同的要求。如采用射线照相探伤的焊接接头，为了获得一定的穿透力和提高底片上缺陷影像的清晰度，对于厚板，焦距一般在 400～700mm 范围内调节，可以据此确定机头到工件探测的距离，以预留周围的操作空间。如果焊接接头采用超声波探伤，其探伤面要求比较高，即表面粗糙度 Ra 值不大于 6.3μm，探头在面上移动时，须按焊件厚度确定探头移动区的大小，然后根据移动区的大小预留出探伤的操作空间。

6.1.2　焊接结构的分类

焊接结构的形式很多，但基本上都是由一个或若干个不同的基本构件组成的，如梁、柱、框架、容器等。

1. 梁及梁系结构

梁是在一个或两个主平面内承受弯矩的构件。这类结构的工作特点是结构件受横向弯曲。常见的有大型水压机的横梁，桥式起重机主梁，以及大型栓焊钢桥主桥钢结构中的 I 形主梁等。

2. 柱类结构

柱类结构是指轴心受压和偏心受压（带有纵向弯曲）的构件。柱和梁一起组成厂房、高层房屋和工作平台的钢骨架。

3. 桁架结构

桁架结构是承受弯矩并由许多杆件组成的大跨度结构，如大跨度的桥式起重机、门式起重机等。

4. 板壳结构

板壳结构主要用于承受内压或外压载荷。常见的板壳结构有两类：一类是要求密封的压力容器、锅炉、管道、大型储罐、运送液体或液化气体的罐车罐体等；另一类板壳结构主要用作运输装备，如大型船舶的船体、客车车厢和集装箱体等。

5. 机械结构

机械结构主要包括焊接机身、机座、大型焊接机械零件等。

6.2　焊缝的表示方法

在焊接技术图样或文件上需要表示焊缝或接头时，推荐采用焊缝符号。必要时，也可采用一般的技术制图方法表示。

完整的焊缝符号包括基本符号、指引线、补充符号、尺寸符号及数据等。为了简化，在图样上标注焊缝时通常只采用基本符号和指引线，其他内容一般在有关的文件中（如焊接工艺规程等）明确。

符号的比例、尺寸及标注位置参见 GB/T 12212—2012《技术制图　焊缝符号的尺寸、比例及简化表示法》的有关规定。

6.2.1　符号

1. 基本符号

基本符号表示焊缝横截面的基本形式或特征，具体参见表6-1。

表6-1　基本符号

序　号	名　　称	示意图	符　　号
1	卷边焊缝（卷边完全熔化）		 八
2	I 形焊缝		 ‖
3	V 形焊缝		 ∨
4	单边 V 形焊缝		Ⅴ
5	带钝边 V 形焊缝		Y
6	带钝边单边 V 形焊缝		 Υ
7	带钝边 U 形焊缝	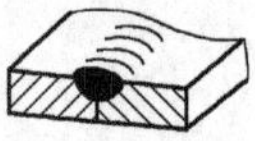	Υ
8	带钝边 J 形焊缝		Υ
9	封底焊缝		 ▽
10	角焊缝	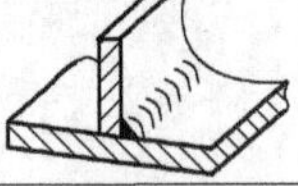	◺
11	塞焊缝或槽焊缝		⊓
12	点焊缝	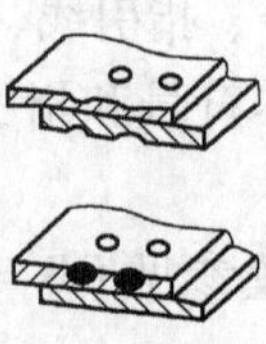	 ○

（续）

序　号	名　　称	示意图	符　号
13	缝焊缝	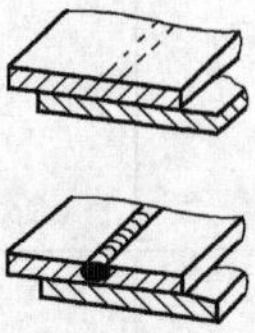	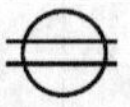 ⊖
14	陡边 V 形焊缝		Ⅴ
15	陡边单 V 形焊缝		 ⅴ
16	端焊缝		‖‖
17	堆焊缝		 ⌒⌒
18	平面连接（钎焊）	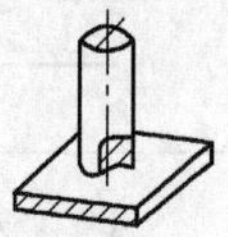 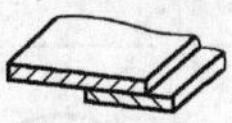	=
19	斜面连接（钎焊）		∥
20	折叠连接（钎焊）		⊇

2. 基本符号的组合

标注双面焊焊缝或接头时，基本符号可以组合使用，见表6-2。

表6-2　基本符号的组合

序　号	名　　称	示意图	符　号
1	双面 V 形焊缝（X 焊缝）	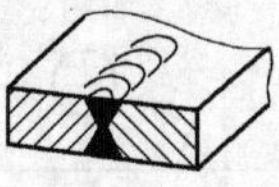	 Ⅹ
2	双面单 V 形焊缝（K 焊缝）	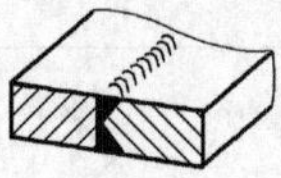	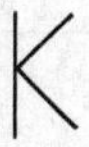 Ⅺ

（续）

序　号	名　称	示意图	符　号
3	带钝边双面 V 形焊缝		 Ⓧ
4	带钝边双面单 V 形焊缝	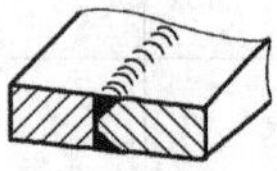	 Ⓚ
5	双面 U 形焊缝		Ⓧ

3. 补充符号

补充符号用来补充说明有关焊缝或接头的某些特征（诸如表面形状、衬垫、焊缝分布、施焊地点等）。补充符号参见表 6-3。

表 6-3　补充符号

序　号	名　称	符　号	说　明
1	平面	 ———	焊缝表面通常经过加工后平整
2	凹面	⌣	焊缝表面凹陷
3	凸面	⌢	焊缝表面凸起
4	圆滑过渡	 ⌣⌣	焊趾处过渡圆滑
5	永久衬垫	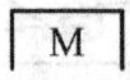 M	衬垫永久保留
6	临时衬垫	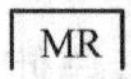 MR	衬垫在焊接完成后拆除
7	三面焊缝	⊐	三面带有焊缝
8	周围焊缝	○	沿着工件周边施焊的焊缝，标注位置为基准线与箭头线的交点处
9	现场焊缝	 ▸	在现场焊接的焊缝
10	尾部	 ＜	在该符号后面，可以参照 GB/T 16901.1 标注焊接工艺方法及焊缝条数等内容

6.2.2　基本符号和指引线的规定

1. 基本要求

在焊缝符号中，基本符号和指引线为基本要素。焊缝的准确位置通常由基本符号和指引线之间的相对位置决定，具体位置包括：

1）箭头线的位置。

2）基准线的位置。

3）基本符号的位置。

2. 指引线

指引线由箭头线和基准线（实线和虚线）组成，如图 6-6 所示。

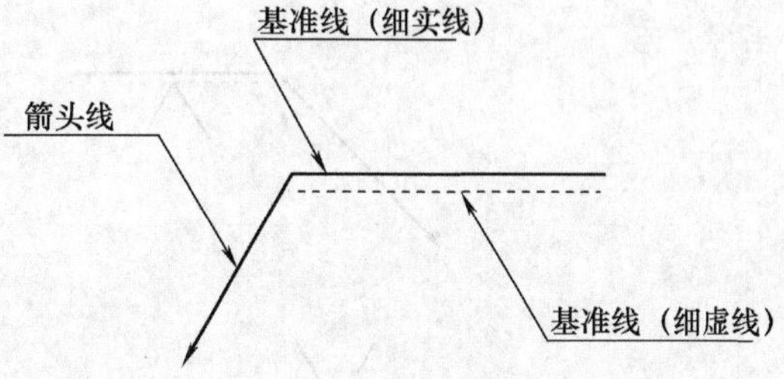

3. 箭头线

箭头直接指向的接头侧为"接头的箭头侧"，与之相对的则为"接头的非箭头侧"，如图 6-7 所示。

图 6-6　指引线

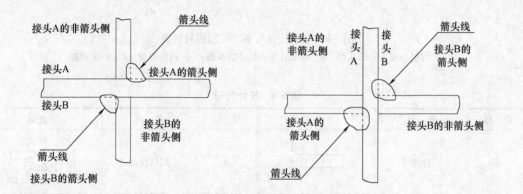

图 6-7　接头的"箭头侧"及"非箭头侧"示例

4. 基准线

基准线一般应与图样标题栏的长边平行，必要时也可与图样标题栏长边相垂直。实线和虚线的位置可根据需要互换。

5. 基本符号与基准线的相对位置

1）基本符号在实线侧时，表示焊缝在箭头侧，如图 6-8a 所示。

2）基本符号在虚线侧时，表示焊缝在非箭头侧，如图 6-8b 所示。

3）对称焊缝允许省略虚线，如图 6-8c 所示。

4）在明确焊缝分布位置的情况下，有些双面焊缝也可省略虚线，如图 6-8d 所示。

6.2.3　尺寸及标注

1. 一般要求

必要时，可以在焊缝符号中标注尺寸。尺寸符号参见表 6-4。

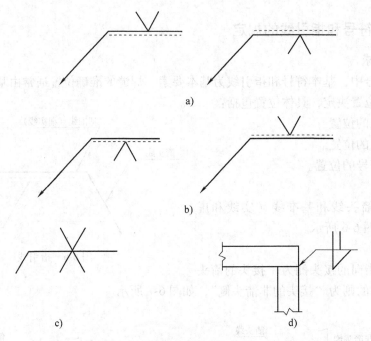

图 6-8　基本符合与基准线的相对位置

a）焊缝在接头的箭头侧　b）焊缝在接头的非箭头侧　c）对称焊缝　d）双面焊缝

表 6-4　尺寸符号

符　号	名　　称	示意图	符　号	名　　称	示意图
δ	工件厚度		H	坡口深度	
α	坡口角度		S	焊缝有效深度	
β	坡口面角度		c	焊缝宽度	
b	根部间隙		K	焊脚尺寸	
p	钝边		d	定位焊：熔核直径 塞焊：孔径	
R	根部半径		n	焊缝段数	

（续）

符　号	名　称	示意图	符　号	名　称	示意图
l	焊缝长度	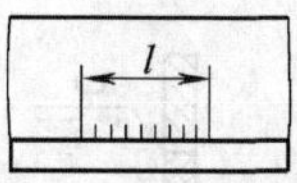	N	相同焊缝数量	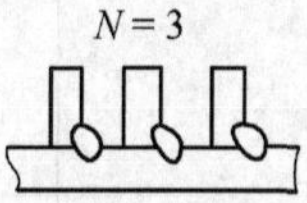
e	焊缝间距	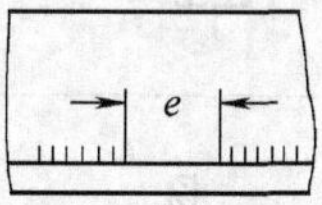	h	余高	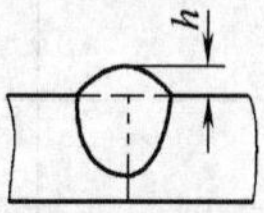

2. 标注规则

尺寸的标注方法如图6-9所示。

1）横向尺寸标注在基本符号的左侧。

2）纵向尺寸标注在基本符号的右侧。

3）坡口角度、坡口面角度、根部间隙标注在基本符号的上侧或下侧。

4）相同焊缝数量标注在尾部。

5）当尺寸较多不易分辨时，可在尺寸数据前标注相应的尺寸符号。

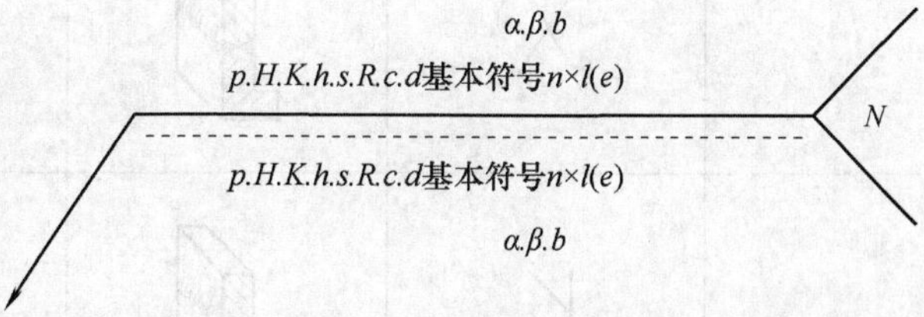

当箭头线方向改变时，上述规则不变。

图6-9　尺寸标注方法

3. 关于尺寸的其他规定

1）确定焊缝位置的尺寸不在焊缝符号中标注，应将其标注在图样上。

2）在基本符号的右侧无任何尺寸标注又无其他说明时，意味着焊缝在工件的整个长度方向上是连续的。

3）在基本符号的左侧无任何尺寸标注又无其他说明时，意味着对接焊缝应完全焊透。

4）塞焊缝、槽焊缝带有斜边时，应标注其底部的尺寸。

6.2.4　焊接符号的应用示例

1. 基本符号的应用

表6-5给出了基本符号的应用示例。

表6-5　基本符号的应用示例

序　号	符　号	示意图	标注示例	备　注
1	$\vee$		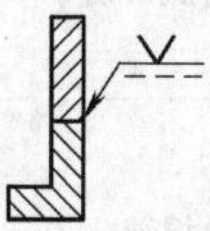 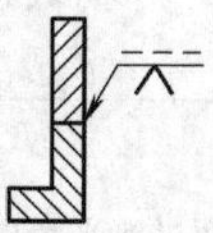	

（续）

序 号	符 号	示意图	标注示例	备 注
2	 Y	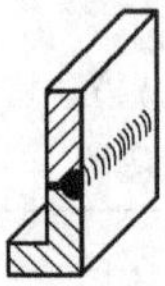	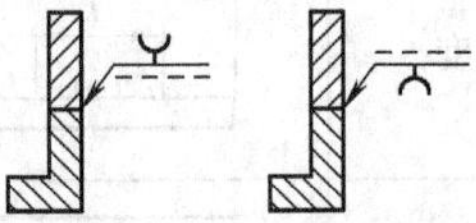	
3	△	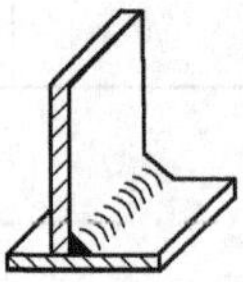	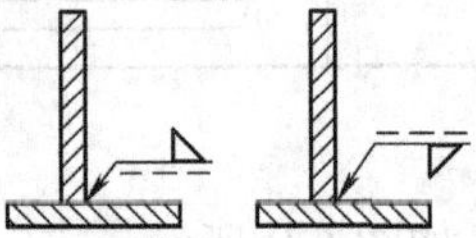	
4	 X	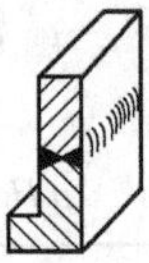	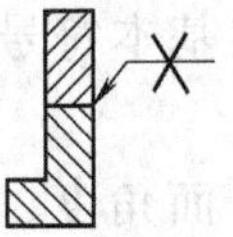	
5	 K	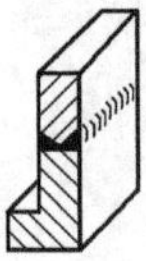	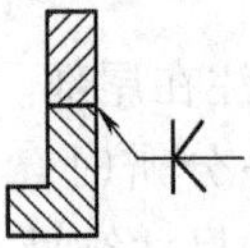	

2. 补充符号应用示例

表 6-6 和表 6-7 给出了补充符号的应用及标注示例。

表 6-6　补充符号的应用示例

序 号	名 称	示意图	符 号
1	平齐的 V 形焊缝		
2	凸起的双面 V 形焊缝		
3	凹陷的角焊缝	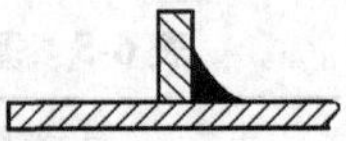	
4	平齐的 V 形焊缝和封底焊缝		
5	表面过渡平滑的角焊缝		

表 6-7　补充符号的标注示例

序　号	符　号	示意图	标注示例	备　注
1				
2				
3				

6.2.5　其他补充说明

1. 周围焊缝

当焊缝围绕工件周边时，可采用圆形的符号，如图 6-10 所示。

2. 现场焊缝

用一个小旗表示野外或现场焊缝，如图 6-11 所示。

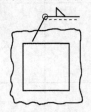

图 6-10　周围焊缝的标注

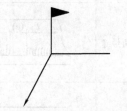

图 6-11　现场焊缝的表示

3. 焊接方法的标注

必要时，可以在尾部标注焊接方法代号，见图 6-12。

4. 尾部标注内容的次序

尾部需要标注的内容较多时，可参照如下次序排列：

1）相同焊缝数量。

2）焊接方法代号（按照 GB/T 5185 规定）。

3）缺欠质量等级（按照 GB/T 19418 规定）。

4）焊接位置（按照 GB/T 16672 规定）。

5）焊接材料（如按照相关焊接材料标准）。

6）其他。

每个款项应用斜线"/"分开。

为了简化图样，也可以将上述有关内容包含在某个文件中，采用封闭尾部给出该文件的编号（如 WPS 编号或表格编号等），如图 6-13 所示。

图 6-12　焊接方法的尾部标注　　　　　　　图 6-13　封闭尾部示例

6.2.6　尺寸标注示例

表 6-8 给出了尺寸标注的示例。

表 6-8　尺寸标注的示例

序号	名　称	示意图	尺寸符号	标注方法
1	对接焊缝		S：焊缝有效厚度	
2	连续角焊缝		K：焊脚尺寸	
3	断续角焊缝		l：焊缝长度 e：间距 n：焊缝段数 K：焊脚尺寸	$K \quad n \times l(e)$
4	交错断续角焊缝		l：焊缝长度 e：间距 n：焊缝段数 K：焊脚尺寸	$K \quad n \times 1 \quad (e)$ $K \quad n \times 1 \quad (e)$
5	塞焊缝或槽焊缝		l：焊缝长度 e：间距 n：焊缝段数 c：槽宽 e：间距 n：焊缝段数 d：孔径	$c \quad n \times l(e)$ $d \quad n \times (e)$

（续）

序号	名称	示意图	尺寸符号	标注方法
6	点焊缝		n：焊点数量 e：焊点距 d：熔核直径	
7	缝焊缝		l：焊缝长度 e：间距 n：焊缝段数 c：焊缝宽度	

6.3 焊接结构备料与成形加工

焊接结构的零件绝大多数以金属轧制材料（板料和型材）为坯料，少部分以铸件、锻件和冲压件为毛坯。后者除部分需机加工外，大多数可直接焊接。用轧制材料制造焊接结构零件毛坯时，在装配焊接之前必须经过一系列的加工，包括矫正、放样、号料、划线、切割（下料）、成形等工作。

6.3.1 钢材的矫正

工厂或焊接结构制造车间使用的轧制钢材，可能由于以下几个原因引起变形：一是钢材在轧制过程中发生变形，如凸起、波浪、弯曲、板边折弯、局部折弯等；二是运输过程中造成的变形；三是钢材在加工过程中（如切割等）造成的变形。

变形的钢材会直接影响后续的划线、号料、切割等工序的精确度，因此在焊接结构制造之前必须对钢材进行矫正。根据工厂的生产经验，10%～100%的钢板和扁钢（依厚度而不同）和15%～20%的型材（角钢、槽钢、工字钢）需要矫正。而材料加工过程中可能引起零件毛坯产生变形（如切割加热引起的扭曲变形），对这种变形的矫正称为第二次矫正。经矫正、下料成形后送往装配-焊接工序的零件就是符合图样要求的零件。矫正就是利用钢材局部发生塑性变形，来消除原来的变形的过程。

钢材矫正的方法很多，按矫正时钢材的温度，分为热矫正和冷矫正。冷矫正是在常温下的矫正，冷矫正由于要产生冷作硬化，降低材料的塑性，所以只适用于矫正变形量较小的塑性材料。热矫正是将钢材加热至700～1000℃时进行的矫正，适用于矫正变形大、塑性差的钢材，或缺少足够动力设备时的矫正。按矫正时力的来源和性质，分为机械矫正、手工矫正、火焰矫正和高频热点矫正等。

如图6-14所示，钢板由传送辊道送入矫平机矫平后再进入预热室加热到40～60℃，以利于除去钢板表面的水分、油污，并使氧化皮疏松；

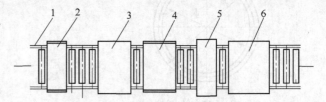

图6-14 钢板预处理流水线示意图
1—传送辊道 2—钢板桥平机 3—预热装置
4—抛丸除锈机 5—喷漆装置 6—烘干装置

然后进入抛丸室，由卧式抛丸机对钢板进行双面抛丸除锈；除锈后的钢板由辊道送入喷漆室，通常用高压喷涂机进行自动双面喷涂底漆，随后进入烘干室烘干。处理完的钢板就可由辊道直接送到下道工序，进行号料、切割等作业。

目前，很多工厂已将钢材的矫正、表面清理和防护作业合并在一起，组成钢材预处理流水线。流水线包括钢板的吊运、矫正、表面除锈清理、喷涂防护底漆和烘干等工艺过程。

利用钢板预处理流水线不仅可大大提高效率、降低成本，而且还能保证钢板的处理质量。

6.3.2　放样

所谓放样，就是在产品图样的基础上，根据产品的结构特点、制造工艺需要等条件，按一定比例（通常按1:1）准确绘制结构的全部或部分投影图，进行结构的工艺性处理和必要的计算及展开，最后获得产品制造过程所需要的数据、样杆、样板和草图等。

放样工作必须要求高度的精确，否则结构的下料尺寸、成形样板、检验样板都会出现差错，以致产生废品，造成生产失误和混乱。

金属结构的放样一般包括线型放样、结构放样和展开放样。有些结构完全由平板或直杆组成，则无需展开放样。

1. 放样的目的

1）检查设计图样的正确性，包括所有零件、组件、部件尺寸以及它们之间的配合等。

2）在不违背原设计基本要求的前提下，依据工艺要求进行结构处理。

结构处理是每一个产品放样都必须解决的问题。结构处理主要是从工艺角度分析焊接结构是否合理，并处理因材料、设备和加工条件等因素影响而可能出现的问题。结构处理需要放样者要有比较丰富的专业知识和实际经验。下面举例予以说明。

图6-15所示为某产品的一个部件（大圆筒），原设计中只给出了尺寸要求，但在制造过程中，由于该部件尺寸较大，需由几块钢板拼接才能制成，所以放样时就应考虑钢板拼接的位置和接头坡口形式。例如，可以采用图6-16所示的拼接方案。

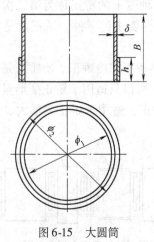

图6-15　大圆筒

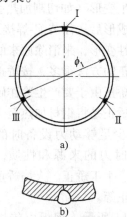

图6-16　拼接位置及坡口形式

放样中结构处理要考虑的问题很多，放样者要根据产品的具体要求，综合考虑工厂的加工条件、生产率、加工成本等因素来妥善解决。

3）利用放样图，结合必要的计算，求出构件用料的真实形状和尺寸（即算料和展开）。

4）根据结构制造的工艺需要，利用放样图设计制造所需的胎夹具和模具。

5）绘制供号料、划线用的草图，制作各类样杆、样板和样箱，准备数控纸带等。

6）某些结构还可以利用放样图在装配时定位，即"地样装配"。这时，放样图就画在装配平台上。

2. 放样的程序

在生产实践中，形成了以实尺放样为主的多种放样方法。随着科学技术的发展，出现了比例放样、计算机放样等新方法。但目前应用最多的还是实尺放样。

实尺放样就是按 1:1 的比例放样，这里以普通金属结构为例，介绍实尺放样的基本过程。

（1）线型放样　线型放样就是根据结构制造工艺的需要，绘制出结构整体或局部轮廓的投影基本线型。

进行线型放样时要注意以下几点：

①根据所要绘制图样的大小和数量多少，安排好各图样在样台上的位置。大型结构放样时，为节省样台占用面积和减轻放样劳动，也允许采用部分视图重叠或单向缩小比例的方法。

②选定好放样画线基准。所谓放样画线基准，就是放样画线时，用以确定其他点、线、面空间位置的依据。

③线型放样以画出设计要求必须保证的轮廓线型为主，而那些因工艺需要而可能变动的线型则可以暂时不画。

④进行线型放样必须严格遵循正投影规律。放样时，究竟要画出结构的整体还是局部，需要根据结构制造工艺需要而定。但无论是局部还是整体，所画出的线型图所包含的投影必须符合正投影关系。

⑤对于具有复杂曲面的结构，往往采用平行于投影面的平面剖切，画出一组或几组线型来表示结构的完整形状和尺寸，所画出的线型图必须满足光顺性和协调性的要求。

（2）结构放样　结构放样就是在线型放样的基础上，根据制造工艺需要进行工艺性处理的过程。结构放样包括以下几方面的内容：

①确定各部分的结合位置和连接形式。在焊接结构实际生产过程中，由于受材料尺寸规格、加工条件等的限制，往往需要将原焊接结构中的整件分为几部分加工、组合。这就要求放样者从结构基本要求出发，结合制造工艺的实际需要，正确、合理地确定结合位置和连接形式。

②根据实际制造需要，对结构中的某些部位或部件进行必要的改动。

③计算或量取零部件尺寸及平面零件的实际形状，绘制号料草图，制作号料样板、样杆及样箱，或者按一定格式填写数据，供数控切割使用。

④根据加工需要，设计、制造焊接胎、夹具，绘制各类加工、装配草图；制作加工、装配用样板。

需要强调的是：对结构进行工艺性处理，一定要在不违背原设计要求的前提下进行。如果需对结构进行改动，须经原设计部门或产品使用单位有关部门同意，并履行有关手续后方可进行。

（3）展开放样　展开放样是在结构放样的基础上，对不反映实形或需展开的部件进行展开，以求取实形的过程。具体内容包括以下几方面：

①板厚处理。根据材料板厚对结构形状、尺寸的影响，画出欲展开部分的单线图（即理论线）。

②展开作图。利用单线图，利用投影理论和钣金展开的基本知识，作出构件的展开图。

③根据展开图，制作样板或绘制号料草图。

6.3.3　号料

所谓号料，就是利用样板、样杆、号料草图及放样时得出的数据，在板料或型材上画出零件用料的真实轮廓和孔口在材料上的真实形状，与之连接构件的位置线、加工线等，并标出相应的加工符号等的工作过程。

号料是一项重要的工作，必须按有关的技术要求进行。对号料的一般技术要求有：

1）检查材料有无不允许存在的缺陷（如裂纹、夹层、表面疤痕、厚度不均匀等），并根据产品技术要求，酌情处理。

2）当材料有较大变形，影响号料精度时，应先进行矫正。

3）熟悉产品图样和工艺，合理安排各零件号料的先后顺序。

4）零件在材料上的号料位置和排列应符合下料（切割、剪切等）及后续加工的工艺要求。

5）号料前应将材料垫放平整、稳妥，保证号料的精度。

6）正确使用号料用的工具、量具、样板、样杆，尽量减小号料操作引起的误差。

7）号料画线后，在零件的加工线、接缝线及孔的中心位置等处，根据加工需要打上錾印样冲眼。同时，按样板上的技术说明，用白铅油或瓷漆写上有关标注。

需要说明：在号料时，利用各种方法、技巧，合理排样，使原材料得以充分利用，将边角废料降到最低限度。最大限度地提高原材料的利用率，也是对号料的一项基本要求。

6.3.4　下料

下料是将零件或毛坯从原材料上分离下来的工序。常用的下料方法有克切、锯切、气割、等离子弧切割、剪切、冲裁等。下面仅简单介绍工厂常用的剪切、气割、等离子弧切割等。

1. 剪切

剪切加工的方法很多，但其实质都是通过上、下剪刃对材料施加剪切力，使材料发生剪切变形，最后断裂分离。

常用剪切机械的种类有：龙门式斜口剪床、横入式斜口剪床、圆盘剪床、振动剪床和联合剪冲机床等。

（1）龙门式斜口剪床　如图6-17所示，龙门式斜口剪床主要剪切直线形切口。由于操作简单，进料容易，剪切速度快，变形小，切口精度较高，应用很广。

（2）横入式斜口剪床　如图6-18所示，横入式斜口剪床主要用于剪切直线形切口。剪切时，被剪材料可以从剪口横入，并能沿剪口方向移动。可分段剪切，而且剪切长度不受限制。

图6-17 龙门式斜口剪床

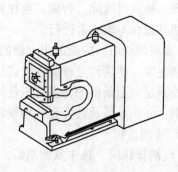

图6-18 横入式斜口剪床

与龙门式斜口剪床相比，横入式斜口剪床的剪刃斜角较大，剪切变形大，操作较麻烦。横入式斜口剪床主要用于剪切薄而宽的板料。

（3）圆盘剪床 圆盘剪床的剪切部分由上、下两个滚刀组成。剪切时，上、下滚刀作等速反向转动，材料边剪切边送进，如图6-19所示。

圆盘剪床的瞬时剪切长度极短，且板料转动几乎不受限制，适用于剪切曲线切口，并能连续剪切。但用圆盘剪床剪切时，材料变形较大，切口有毛刺，而且一般只能剪切较薄的板料。

（4）振动剪床 振动剪床的上、下刀板都是倾斜的，而且交角较大，剪切刃口很短。剪切时，上刀板作上、下往复运动，每分钟可达数千次。

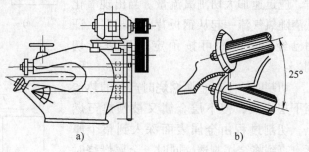

a)　　　　　　　　　　b)

图6-19 圆盘剪床

振动剪床可以在板料上剪切各种曲线和内孔，但切口有毛刺，生产率低，而且只能剪切较薄的材料。

（5）联合剪冲机床 联合剪冲机床通常由斜口剪、型钢剪和小冲头组成，可以剪切钢板、各种型钢，并能进行小零件冲压和冲孔。

需要说明：钢材经过剪切加工，将引起力学性能和外部形状的变化。剪切引起的变形，必须进行矫正；板边的加工硬化，在制造重要结构或剪切后还需冲压加工时，需予以消除。

2. 气割

（1）气割的条件 氧乙炔焰切割是根据某些金属加热到一定温度时，在氧气流中能够剧烈氧化燃烧的性质，用割炬进行切割的。气割的过程由金属的预热、燃烧和氧化物被吹除三个阶段组成。金属材料必须满足以下三个条件，才能够进行气割：

1）金属材料的燃点必须低于其熔点。这是保证金属材料能够进行气割的基本条件。否则，金属在切割时先行熔化，使整个过程变为熔割过程，会使割口质量大大降低，不仅割口变宽，而且不整齐。

2）金属燃烧生成的氧化物熔点低于金属本身的熔点。这样，氧化物就能在金属熔化前变成液态，被及时吹除。否则，会在割口表面形成固态氧化物，阻碍氧气流与下层金属的接触，使切割过程不能正常进行。

3）金属燃烧时，应能放出大量的热，并且金属的热导率要低。这是为了保证金属有足够的预热温度，使切割过程能连续进行。

能够满足以上条件的金属有工业纯铁、低碳钢、中碳钢和低合金钢。而铸铁、高碳钢、高合金钢、非铁金属及其合金，均难以进行氧乙炔气割。

（2）气割过程

1）气割操作时，首先点燃割炬，随即调整火焰。预热火焰通常采用中性焰或轻微氧化焰。

2）开始切割时，应首先预热金属的边缘至燃点，一般碳素钢在纯氧中的燃点为 1100 ~ 1500℃，注意保持割嘴至工件表面的距离为 10 ~ 15mm，切割角度保持 20° ~ 30°（图 6-20），然后将火焰局部移出钢板边缘线以外，同时慢慢打开切割氧开关。

3）待预热的金属在氧气流中被吹掉时，应迅速加大切割氧流量。当出现氧化铁渣随氧气流一起从钢板背面飞出时，证明已经割透，即可按预定速度进行切割。

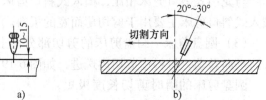

图 6-20 气割示意图
a）割嘴距离 b）切割角度

切割时，上层金属燃烧时产生的热传至下层金属，使下层金属又被预热至燃点，切割过程由金属表面深入到整个厚度，直到将金属割透。同时，金属燃烧时产生的热量和预热火焰一起，又把邻近的金属预热到燃点，将割炬沿切割线以一定的速度移动，即可形成切口，将金属割开。

气割又分为半自动气割、仿型气割、光电跟踪气割、数控气割等几种形式。

3. 等离子弧切割

如果对焊接电弧进行冷却，电弧就会自动收缩其断面，电弧温度也会相应提高。利用电弧的这一规律，对电弧进行强制冷却，即可获得等离子弧（图 6-21）。等离子弧的温度可以高达 30000K 左右，现有的任何金属或非金属材料都可以被熔化。等离子弧切割就是利用等离子弧的高温，将被切割件瞬间局部熔化，然后等离子弧的高速气流将熔化物吹走，以实现切割。

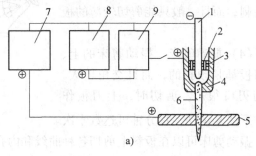

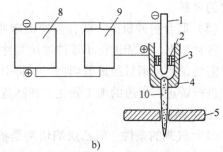

图 6-21 等离子弧切割原理示意图
a）转移型等离子弧切割 b）非转移型等离子弧切割
1—电极 2—离子气 3—对中环 4—喷嘴
5—工件 6—转移型弧 7—转移型弧电源
8—非转移型弧电源 9—高频振荡器
10—等离子焰

等离子弧切割具有下列优点：

1）能够切割氧乙炔焰难以切割的不锈钢、铜、铝及难熔金属。

2）切割速度快，生产率高。它是目前常用的热切割方法中生产率最高的。

3）热影响区小，工件变形小。

4）切口窄，切口质量高，切割厚度可达200mm。

5）利用非转移型等离子弧（又叫等离子焰）可以切割混凝土、耐火砖等非金属材料。

6）成本较低。尤其是利用压缩空气时，成本更为低廉。

由于等离子弧切割具有以上优点，所以在生产中得到了广泛应用。

6.3.5 板料成形加工

1. 压弯加工

在压力机上使用弯曲模进行弯曲成形的加工方法称为机械压弯。压弯的质量主要由模具来保证。

常用于进行焊接结构压弯加工的设备有：液压机、风压机、机械压力机等。

液压机是利用液体作为介质传递动力的机床，由于所用介质的不同，分为油压机和水压机两种。液压机是利用"密闭容器中的液体各部分压强相等"（流体力学）的原理而获得压力的。使用液压机时，要注意液体介质的清洁，应该根据需要进行定期调整或更换。

一般液压机的工作压力很大，但工作效率较低，多用于小批量、较大型工件的弯曲加工。

2. 滚弯成形

在滚床上进行弯曲成形加工的方法称为滚弯，一般又称卷板成形。滚弯机床包括滚板机和型钢滚弯机。滚弯时，钢板（或型钢）置于卷板机的上、下辊轴之间，当上辊轴下降时，板料便受到弯矩的作用而发生弯曲变形。由于上、下轴辊的转动，并通过轴辊与钢板之间的摩擦力带动钢板移动，使板料受压位置连续不断地发生变化，形成平滑的弯曲面而完成滚弯工作（图6-22）。

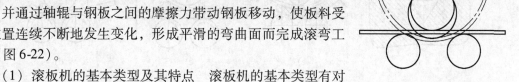

图6-22 滚弯过程

（1）滚板机的基本类型及其特点 滚板机的基本类型有对称式三辊滚板机、不对称式三辊滚板机和四辊滚板机三种。其各自的轴辊布置形式和运动方向如图6-23所示。

对称式三辊滚板机的特点是：中间的上轴辊位于两个侧下轴辊的中线上（图6-23a），结构简单、应用普遍。其主要缺点是弯曲件两端有较长一段长度位于弯曲变形区以外（称为剩余直边）。

不对称式三辊滚板机轴辊的布置是不对称的，上轴辊没有位于两下轴辊的中线上，而是偏向一侧（图6-23b），这样就使板料的一端边缘也能得到弯曲，剩余直边的长度极短。若在滚制完板料一端后，将板料从滚板机上取出掉头，再放在滚板机上进行弯曲，就可使板料全部得到弯曲。不对称式三辊滚板机的缺点是：由于支点距离不相等，滚弯时轴辊受力很大，易产生弯曲而影响工件滚弯精度。滚弯时板料掉头滚制，也增加了操作程序。

四辊滚板机相当于在对称式三辊滚板机的基础上，又增加了一个中间下辊（图6-23c），这样基本上就可以使板料全部得到弯曲。它的主要缺点是结构复杂、造价高，所以应用不太普遍。

（2）预弯　为使板料全部弯曲，应采用特殊工艺措施进行预弯。常用的预弯方法如图 6-24 所示。

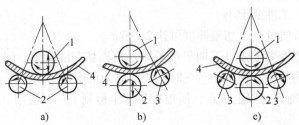

图 6-23　滚板机轴辊布置形式及运动方向

a）对称式三辊滚板机　b）不对称式三辊滚板机　c）四辊滚板机

1）在压力机上用通用模具进行多次压弯成形（图 6-24a）。这种方法适用于各种厚度的板料预弯。

2）在三辊滚板机上用模板预弯（图 6-24b）。这种方法适用于 $\delta \leqslant \delta_0/2$，$\delta \leqslant 24\text{mm}$，且不超过设备能力的 60% 的板料预弯。

3）在三辊滚板机上用垫板、垫块预弯（图 6-24c）。这种方法适用于 $\delta \leqslant \delta_0/2$，$\delta \leqslant 24\text{mm}$，且不超过设备能力的 60% 的板料预弯。

4）在三辊滚板机上用垫块预弯（图 6-24d）。这种方法适用于较薄的钢板，但操作比较复杂，一般很少采用。

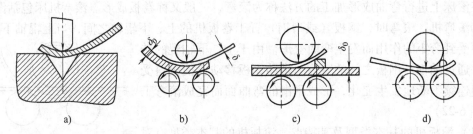

图 6-24　常用预弯方式

a）模具压弯　b）模板滚弯　c）垫板、垫块滚弯　d）垫块滚弯

当然，也可以不必采用预弯工艺。可以在滚弯之前在工件下料时预留稍大于理论剩余直边的余量，待滚制完之后将余量切除，但如果切割下的余量不能使用，会造成材料的浪费。或者，在滚弯之前在钢板两端预留很短的余量，再拼焊上足够长度的废钢板，待滚制后去除掉。

（3）对中　为使滚弯件得到所需要的几何形状，不出现弯扭现象，板料放入滚板机上之后要找正位置，使工件的素线与轴辊轴线平行，这称之为对中。常用的对中方法有侧辊对中、专用挡板对中、倾斜进料对中、侧辊开槽对中等，如图 6-25 所示。

（4）滚弯　滚弯是整个弯曲加工的重要环节。下面以对称式三辊滚板机弯曲工艺为例，介绍圆柱面和锥面的滚制。

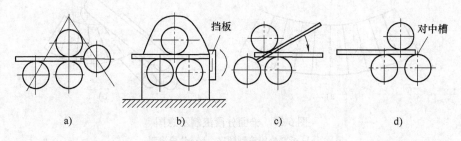

图 6-25　对中方式

a）侧辊对中　b）专用挡板对中　c）倾斜进料对中　d）侧辊开槽对中

【例1】　圆柱面的滚制

①圆柱面的几何特征是表面素线为相互平行的直线，因此在滚制前，应首先检查滚板机上、下轴辊是否平行。如果不平行，则应将其调整平行，否则滚制的工件会带有锥度。

②调节轴辊间的距离，以控制滚弯件的曲率。由于弯曲回弹等因素的影响，往往不能通过一次调节就能获得需要的曲率。通常先凭经验初步调节好轴辊之间的距离，然后滚压一段，并用卡形样板测量；根据测量结果进行调整，再滚压、再测量，直至滚弯曲率符合要求为止。

③较大的工件滚弯时，为避免工件自重引起附加变形，应先滚压两端，最后滚压中间部分。

④滚弯前，应将轴辊和工件表面清理干净，还要将板料上气割时留下的残渣和焊接时流下的飞溅物及疤痕铲去、磨平，以免损伤工件和轴辊。

【例2】　锥面的滚制

锥面的表面素线是互不平行的直线，而且素线上各点的曲率都不相等，为使滚弯过程的每一瞬间上轴辊均压在锥面素线上，并形成沿素线各点不同的曲率半径，从而滚制成所要求的圆锥面，应按以下方法滚制：

①调节上轴辊，使其与下轴辊成一定的倾斜角度。这样可以保证沿板料与上轴辊的接触线压出各点不同的曲率。角度的大小，要靠操作者凭经验初步调整，再经过试滚压、测量，或数次反复，才能最后确定。

②为使上轴辊始终能接近压在锥面的素线上，应使锥面的大口和小口两端具有不同的进给速度。由于两下轴辊相互平行，且各轴辊本身无锥度，单靠上轴辊倾斜，滚弯时锥面的大口与小口两端的速度差异很小，不能满足滚制锥面的需要。为了达到锥面滚制的要求，在上轴辊倾斜的基础上，通常还要采用分段滚制或小口减速的措施。

分段滚制法如图 6-26 所示，利用锥面素线，将板料划分为若干小段。滚弯时，将上轴辊与小段的中线对正压下，在小段范围内来回滚压。滚完一段后随即移动板料，仍按上述方法滚制下一段。这样，通过分段移动板料，形成锥面两口的进给速度差。分段越多，锥面成形越好。

小口减速法滚制锥面，除上轴辊倾斜之外，又在小口一端增加一减速装置，用以增加板料小口端的进给阻力，使小口端的进给速度减小，从而使上轴辊与锥面素线始终重合，完成锥面滚制。

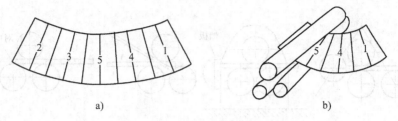

图 6-26　锥面分段滚制示意图

a）板料分段滚制顺序　b）分段滚制

3. 板料拉深成形

（1）拉深过程　利用模具使冲裁后得到的平板毛坯变形成开口空心零件的工序（图 6-27），称为拉深（或拉延）。其变形过程为：把直径为 D 的平板坯料放在凹模上，在凸模作用下，板料被拉入凸模和凹模的间隙中，形成空心零件。

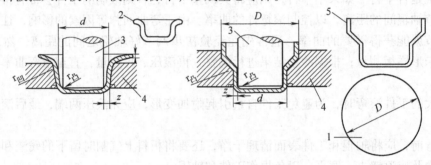

图 6-27　拉深工序图

1—坯料　2—第一次拉深产品　3—凸模　4—凹模　5—成品

（2）拉深缺陷

1）底部裂纹。从拉深过程可以看到，拉深件主要受拉力作用。当拉应力值超过材料的强度极限时，拉深件将被拉裂，形成废品。拉深件中最危险的部位是直壁与底部的过渡圆角处（图 6-28），裂纹一般在此处产生。

2）口部起皱。拉深件另一种常见的缺陷是起皱（图 6-29）。起皱是拉深过程中发蓝部分的金属在切向压应力作用下而发生的一种失稳现象，起皱一般发生在口部。

图 6-28　底部拉裂

图 6-29　口部起皱

当发生起皱时，除分析具体原因，采取相应措施外，设置压边圈（或称压料圈）往往是一条很有效的途径（图 6-30）。

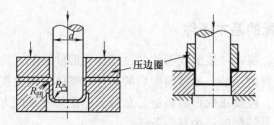

图 6-30　有压边圈的拉深

6.4　焊接结构的装配与焊接

焊接结构零件成形之后，还需要装配和焊接，才能成为具有使用功能的焊接结构。装配就是将组成结构的已加工好的零件（已制成的部件），按图样规定的相互位置加以固定，形成组件、部件或结构的过程。装配时，零件的固定通常是利用定位焊、定位板、压夹装置（如螺栓、铁楔等）实现的。在用定位焊和定位板固定零件时，对它们有刚度和刚性的要求，即定位好的零件从装配夹具中取出并运到焊接工位过程中不能开焊或产生超过规定的变形。定位焊还应尽量减少焊接变形，定位焊点的位置和尺寸应以不影响焊接接头和结构的质量和工作能力为原则。定位焊焊道的截面尺寸不宜过大，应尽量靠近焊缝所在位置，以便焊缝施焊后能将其全部重熔，并严格控制焊接质量。如果定位焊缝和定位板的定位焊缝布置在不设焊缝的位置，则结构焊完后，应将定位焊点清除掉，并仔细清理（打磨）表面。表 6-9 给出了定位焊焊缝尺寸，焊缝长度一般约 50mm，薄板可适当减少。由于在装配焊接夹具中装配完后，不取出结构而立即进行焊接，所以在很多场合不需要定位焊。

表 6-9　定位焊焊缝尺寸　　　　　　　　　（单位：mm）

焊件厚度	定位焊焊缝高	定位焊焊缝宽	间　　距
≤4	<4	5 ~ 10	50 ~ 100
4 ~ 12	3 ~ 6	10 ~ 20	100 ~ 200
>12	~ 6	15 ~ 20	100 ~ 300

装配工序是焊接结构制造中的重要工序，它的下一道工序是焊接，因此装配质量直接影响焊接质量，进而影响到整个焊接结构乃至整个产品的制造质量。例如，焊缝装配间隙不均匀，将影响到自动埋弧焊过程的稳定，对焊条电弧焊、气体保护焊也有不利影响，也会由于焊缝金属填充量的不均匀而引起意外的收缩变形等。随着焊接工艺趋向高度机械化与自动化，对装配的质量要求也越来越高。

装配工作是一项繁重的工作，约占全部加工工作量的 25% ~ 35%。因此提高装配效率也就提高了焊接生产的效率。提高装配质量和装配效率应先从提高零件、部件的加工精度入手，制定合理的装配工艺，并加强生产管理工作，严格工序间的检验制度和零件的保管、交接工作等。

6.4.1　焊接结构装配的基本条件

在金属结构装配中，将零件装配成部件的过程称为部件装配，简称部装；将零件或部件装配成最终产品的过程称为总装。通常装配后的部件或整体结构直接进入焊接工序；有些产品先进行部件装配焊接，经矫正变形后再进行总装。不论何种装配方案，都需要对零件进行定位、夹紧和测量，这是装配的三个基本条件。

（1）定位　定位就是确定零件在空间的位置或零件间的相对位置。

（2）夹紧　夹紧就是借助通用或专用夹具的外力将已定位的零件加以固定的过程。

（3）测量　测量是指在装配过程中，对零件间的相对位置和各部件尺寸进行一系列技术测量，从而鉴定定位的正确性和夹紧力的效果，以便调整。

上述三个基本条件是相辅相成的，定位是整个装配工序的关键，定位后不进行夹紧就难以保证和保持定位的可靠与准确；夹紧是在定位基础上的夹紧，如果没有定位，夹紧就失去了意义；测量是为了保证装配的质量，在某些情况下可以不进行测量（如一些胎夹具装配，定位元件的定位装配等）。

正确的零件定位，不一定与产品设计图上的定位一致，而是从生产工艺的角度考虑焊接变形后的工艺尺寸。如图 6-31 所示的槽形梁，设计尺寸要求保持两

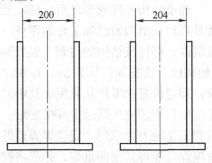

图 6-31　槽形梁的工艺尺寸

槽板平行。考虑到在焊接后会收缩变形，所以工艺尺寸为 204mm，使槽钢与底板有一定的角度，正确的装配应按工艺尺寸进行。

6.4.2　焊接结构装配方法的分类

焊接结构的装配方法可按结构的类型及生产批量、工艺过程、工艺方法及工作地点等进行分类。

1. 按结构的类型及生产批量的大小分类

（1）大型、单件生产的结构经常采用划线定位的装配方法　即待装配零件按划好的装配线固定后进行定位焊，实现装配。首先按图样或下料时的装配线确定零件的相互位置，然后用直尺、卷尺、角尺、水平尺、线锤等作为测量工具，并用铁楔与"马板"、螺栓、千斤顶等夹具拉紧或顶开构件，实现对准及暂时定位，符合图样要求后再用定位焊或特殊的夹具加以固定。例如，起重机桥架金属结构的装配、桁架的装配等。划线定位的装配一般在平台上进行。

划线定位装配工作较繁重，要获得较高的装配质量，必须要求有熟练的操作技术。

（2）成批生产的结构经常在专门的胎夹具上进行装配　胎夹具是一种专用工艺装备，上面附有样板、定位器、压夹器等装配夹具。这种专门的装备需要进行专门设计。

在利用胎夹具焊接的过程中，可以利用样板（有时是重复生产的部件）或定位装置找正位置，或在专门的装配焊接夹具上装配和定位焊，或直接完成焊接。这种方法对装配工的要求较划线装配时的要求低，而且效率较高，工人的劳动强度下降。因此，即使单件小批量生产，也应尽量考虑采用通用装配夹具。

2. 按装配地点分类

（1）固定地点装配　即装配工作在固定的工作位置上进行。各工种工人和工作队轮流为某种特制产品服务。这种装配方式一般用于重型结构或单件产品的情况下，例如重型水压机下横梁的焊接生产。

（2）流动装配　即焊件顺着一定的工作地点依工序流动完成装配。各工作地（工位）上有装配夹具和相应工种工人。这种装配形式已应用于成批大量流水生产，但也不限于轻小型的产品上，有时为了使用固定在某些工作地点上的专门设备，大型产品也经常采用此种装配方式。

3. 按工艺过程分类

（1）整装整焊　即由单独零件逐件装配成结构后再进行焊接。按此方案，装配和焊接在各自的工位上进行，可实行流水作业。装配工作可采用装配夹具、定位器等专用或通用工艺装备，焊接也可用焊接滚轮架、变位机、回转台、翻转机等工艺装备来完成。此方法适用于结构简单、批量生产的产品，如每片桁架的装配。单件小批生产的产品有时也采用该方式。该方法生产的结构的焊接变形小，但残留应力大。

（2）随装随焊　如果产品的结构较为复杂，不能一次装配完毕，则可以由单独零件逐件组装，然后焊接，再装配、再焊接，即装配、焊接交替进行，直到完成整个结构。但这种方法要求在一个工位上装配和焊接工作交叉进行，影响生产率，也不利于采用先进的焊接工艺和工艺装备。这种方法适用于单件小批、复杂结构的生产装配，如大型立式油罐、球形容器的工地建造等。

（3）分部件装配法　将结构分成若干组件、部件，将各组件、部件各自单独装配焊接完毕，再把合格的组件、部件总装成结构，焊接总装成整个结构，这种方法称为分部件装配法。分部件装配法相比较其他装配方法有很多优越性，主要体现在以下几方面：

①提高装配、焊接质量，并改善了工人的劳动条件。因为这种方法将大型复杂的结构分为轻的、尺寸较小的、较为简单的结构（组件、部件等），方便装配和焊接，并可把一些需要全位置操作的工序变为正常位置的操作，使焊缝容易处于有利于焊接的位置，尽可能避免立焊、仰焊、横焊，并且可将角焊变为船形焊，可以大大增加在厂房内、车间内的工作量，而减少了在现场条件下的工作量，从而保证了较高的质量。

由于划分部件时要考虑焊缝的相互位置和数量，从而可以恰当控制对焊接应力和变形有重要影响的因素，使部件应力变形得以减少。通过尽量减少总装配焊接量，使结构总的应力变形减少。

另外，分部件装配法可以较方便地采用装配焊接夹具或其他措施来防止变形，即使已经产生了较大的变形，也比较容易修复和矫正，这对于成批和大量生产的构件，显得更为重要。

②提高劳动生产率，缩短生产周期。分部件后便于实行专业化生产，工人需要掌握的生产过程相当简单，并且可较多地采用胎夹具；各部件可以平行生产，消除或减少各工序间相互等待的时间；总装工作量大为减少。这些都有利于缩短生产周期，减少生产车间面积，或使各工序工位负荷比较平均，获得较高的经济效益。

③分部件装配还简化了胎夹具结构，降低了成本，可获得较高的技术-经济指标。设计和制造简单的、专用胎夹具比复杂的、万能的胎夹具生产周期短，且成本低。

对于大批大量生产的结构，如铁路油罐车、敞篷车、汽车驾驶室的生产，都采用分部件装配法。即使一些单件小批生产的结构，也尽量创造条件采用分部件装配法，如巨型轮船的钢结构装配焊接。

6.4.3　焊接结构的焊接

1. 焊接方法的选择原则

焊接是焊接结构制造最重要的工艺过程。焊接方法很多，每种焊接方法都有其不同的工艺特点和适用范围，在选择焊接方法时，应综合考虑以下原则：

1）必须能保证焊接质量，达到产品设计的技术要求。保证焊接质量是选择焊接方法的首要原则。

2）能提高焊接生产率。在可能的情况下，尽量使用自动焊接方法或焊接专机，以提高生产率和焊接质量。

3）能降低制造成本。

4）能改善劳动条件。

选择的一般方法是：针对产品的材料性能和结构特征，根据各种焊接方法的特点，结合产品的生产类型和生产条件等因素做综合分析后选定。

在这里，母材的性能和结构特征往往是决定性因素。

2. 基于母材性能选择焊接方法

（1）母材的物理性能　对于热导率高的金属材料，应选用能量密度大、电弧焊透能力强的焊接方法进行焊接；对于热敏感性强的材料，易采用热输入小的焊接方法等。

（2）母材的力学性能　既要考虑母材的力学性能是否易于实现金属之间的连接，又要分析焊后接头的力学性能会不会发生改变，发生改变后会不会影响安全使用等。

（3）母材的冶金性能　碳当量高的钢材宜采用冷却速度缓慢的焊接方法，以减少热影响区开裂倾向。

3. 基于产品结构特征选择焊接方法

（1）结构的几何形状和尺寸　主要考虑产品是否具有焊接时所需的操作空间和位置。大型的金属结构（如船体等）不存在操作空间困难，但其体积过于庞大时需选用能全位置焊的方法。微型的电子器件，一般尺寸小，要求精密，宜选用热输入小而集中的焊接方法，如电子束焊、激光焊等。

（2）焊件厚度　每一种焊接方法都有一定的适用厚度范围，超出此范围就不容易保证焊接质量。对于熔焊而言，是以焊透而不烧穿为前提。可焊最小厚度是指在稳定状态下单面单道焊恰好焊透而不烧穿的厚度。

（3）接头形式　焊接接头形式通常由产品结构形状、使用要求和材料厚度等因素决定。对接、搭接、T形接和角接是最基本的形式，这些接头形式对大部分熔焊方法均适用。

（4）焊接位置　在不能变位的情况下焊接，就会因焊缝处在不同空间位置而采用平焊、立焊、横焊和仰焊等四种不同位置的焊接方式。

练习与思考

1. 应该从哪些方面评价焊接结构的合理性？

2. 使用焊缝符号对图样进行标注有哪些优点？

3. 有哪些原因造成钢材和工件的变形？如不矫正变形，会有哪些不良影响？

4. 钢板在矫平机上是如何矫平的？

5. 何谓放样？放样图与产品图有何不同？

6. 放样工作的任务主要有哪些？

7. 产品图样在设计部门已经过审核，为何在放样时还要复核？

8. 当构件的结构形式与工艺条件有矛盾时，放样时应如何处理？

9. 装配方法有几种？各有什么特点？

10. 选择焊接方法的原则是什么？

教学单元 7　常见焊接缺陷及焊接质量检测

【教学目标】

1）熟悉焊接缺陷的种类及其特征。

2）了解焊接缺陷对焊接质量的影响。

3）熟悉射线检测、超声波检测、磁粉检测、渗透检测的原理及常用设备。

4）了解射线检测、超声波检测、磁粉检测、渗透检测的特点及适用范围。

随着现代工业技术的发展，焊接加工技术在现代科学技术和生产中得到了广泛应用，而焊接质量直接关系到产品的质量。由于焊接质量不达标而造成的人员伤亡和重大经济损失的事故屡见不鲜。1978 年 6 月 28 日，上海某热电厂供热管道发生爆炸，经检查事故原因为焊后检查不严，未焊透深度达板厚的 80%；2000 年，美国新墨西哥州发生的天然气管道爆炸事件造成了 12 人死亡，经检查破裂原因是管道上的裂纹，而检测人员事前未能成功检测出来。

7.1　常见焊接冶金缺陷

在焊接生产过程中，由于焊接工艺、焊前准备及操作方法等各种因素的影响，焊接接头不可避免地会出现这样或那样的质量问题，即焊接产品存在缺陷。常见的焊接冶金缺陷有气孔、夹渣、焊接裂纹等。

7.1.1　气孔

焊接时，熔池中的气体在金属凝固前未能逸出，而在焊缝金属中残留下来所形成的空穴，称为气孔。气孔有时以单个出现，有时以成堆的形式聚集在局部区域，按其形状可分为球形气孔、条形气孔和虫形气孔等；按其分布可分为均布气孔、链状气孔、表面气孔、局部密集气孔等；按形成气孔的气体可分为氢气孔、氮气孔、一氧化碳气孔等。气孔示意图如图 7-1 所示，实例如图 7-2 所示。

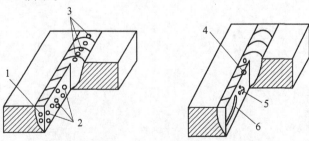

图 7-1　焊缝中的常见气孔类型

1—球形气孔　2—均布气孔　3—链状气孔　4—表面气孔　5—局部密集气孔　6—条形气孔

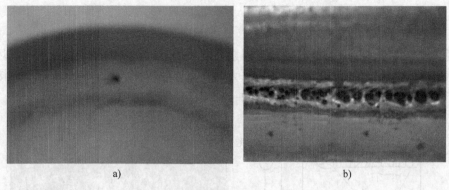

图 7-2　气孔实例

a) 单个气孔　b) 密集气孔

　　气孔的存在，不仅减小了焊缝的有效承载面积，而且还会形成应力集中，使得焊缝的强度、韧性、疲劳强度下降，有时气孔还会成为裂纹源。因此，气孔的防止是焊接中一个十分重要的问题。

7.1.2　夹渣

　　焊后残留在焊缝中的焊渣称为夹渣。焊渣即由焊接冶金反应产生的焊缝金属中的微粒、非金属杂质，如氧化物、硫化物等。焊接时，由于熔池的结晶速度快，一些脱氧、脱硫产物来不及聚集逸出就残存在焊缝中而形成这种夹渣。夹渣形状较复杂，一般呈长条状、颗粒状及其他形状，如图 7-3 所示。图 7-4 所示为在金相显微镜下拍摄的焊缝中典型的非金属夹渣形貌。

图 7-3　夹渣的形态及分布特征

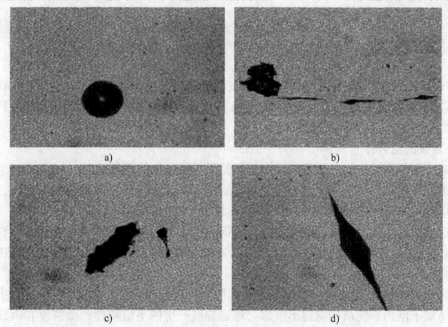

图 7-4　非金属夹渣形貌

a) 硅酸盐 400×　b) 硫化物 800×　c) 复合硅酸盐 940×　d) 复合铝酸盐 940×

7.1.3　焊接裂纹

焊接裂纹是指在焊接应力及其他致脆因素共同作用下，材料的原子结合遭到破坏，形成新界面而产生的缝隙。它具有尖锐的缺口和大的长宽比的特征，如图7-5所示。焊接裂纹是焊接生产中比较常见而且危险性十分严重的一种焊接缺陷。

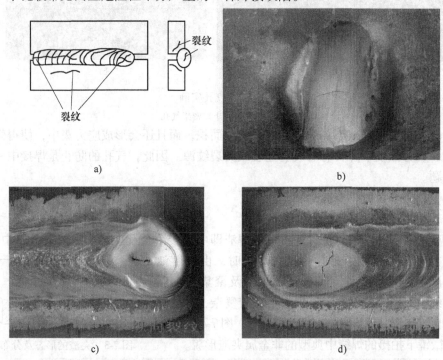

图 7-5　焊接裂纹示意图及实例
a）裂纹示意图　b）着色检测显示产生的裂纹　c）纵向裂纹　d）横向裂纹

有的裂纹出现在焊缝表面，肉眼就能看到，有的隐藏在焊缝内部，有的则产生在热影响区中，不通过检测就不能发现。裂纹不论是在焊缝还是在热影响区，平行于焊缝的称为纵向裂纹，垂直于焊缝的称为横向裂纹。

焊接裂纹的危害：

1）减少了焊接接头的工作截面，因而降低了焊接结构的承载能力。

2）形成了严重的应力集中。裂纹是片状缺陷，其边缘构成了非常尖锐的切口，具有高度的应力集中，既降低结构的疲劳强度，又容易引发结构的脆性破坏。

3）造成泄漏。用于承受高温高压的焊接锅炉或压力容器，用于盛装或输送有毒的、可燃的气体或液体的各种焊接储罐和管道等，若有穿透性裂纹，必然发生泄漏，这在工程上是不允许的。

4）表面裂纹能藏垢纳污，容易造成或加速结构腐蚀。

5）易留下隐患，使结构变得不可靠。延迟裂纹产生的不定期性；微裂纹和内部裂纹易于漏检，漏检的裂纹即使很小，在一定条件下也会发生扩展，这些都增加了焊接结构在使用中的潜在危险。若无法监控，便成为极不安全的因素。

7.1.4　焊接缺陷对焊接质量的影响

焊接缺陷对焊接质量的影响，主要体现在对结构负载强度和耐蚀性的影响。由于缺陷的存在减小了结构承载的有效截面积，更主要的是在缺陷周围产生了应力集中，因此，焊接缺陷对结构的静载强度、疲劳强度、脆性断裂以及抗应力腐蚀开裂都有重大的影响。由于各类缺陷的形态不同，所产生的应力集中程度也不同，因而对结构的危害程度也各不一样。

1. 焊接缺陷引起应力集中

不同类型、不同形状焊接缺陷的应力集中系数是不一样的。球状缺陷的应力集中系数较小，而扁平状缺陷的应力集中系数较大，椭圆状缺陷的应力集中系数略大于球状缺陷。

焊缝中的气孔一般呈单个球状或条虫形，因此气孔周围应力集中并不严重。而焊接接头中的裂纹常常呈扁平状，如果加载方向垂直于裂纹的平面，则裂纹两端会引起严重的应力集中。焊缝中的夹渣具有不同的形状和包含不同的材料，但其周围的应力集中与空穴相似。若焊缝中存在着密集气孔或夹渣时，在负载作用下，如果出现气孔间或夹渣间的联通（即产生豁口），则将导致应力区的扩大和应力值的上升。

此外，对于焊缝的形状不良、咬边、凸度过大、错边、角度偏差、未焊透等形状缺陷也会引起应力集中或者产生附加应力。

2. 焊接缺陷对静载强度的影响

若焊缝中出现成串或密集气孔时，由于气孔的截面较大，同时还可能伴随着焊缝力学性能的下降（如氧化等），使强度明显地降低。因此，成串气孔要比单个气孔危险得多。

夹渣对强度的影响与其形状和尺寸有关，单个小球状夹渣并不比同样尺寸和形状的气孔危害大，当夹渣呈连续的细条状且排列方向垂直于受力方向时，是比较危险的。

裂纹、未熔合和未焊透比气孔和夹渣的危害大，它们不仅降低了结构的有效承载截面积，更重要的是产生了应力集中，有诱发脆性断裂的可能。尤其是裂纹，在其尖端存在着缺口效应，容易出现三向应力状态，会导致裂纹的失稳和扩展，以致造成整个结构的断裂，所以裂纹是焊接结构中最危险的缺陷。

3. 焊接缺陷对脆性断裂的影响

脆性断裂是一种低应力下的破坏，而且具有突发性，事先难以发现和加以预防，故危害最大。

一般认为，结构中缺陷造成的应力集中越严重，脆性断裂的危险性越大。如上所述，裂纹对脆性断裂的影响最大，其影响程度不仅与裂纹的尺寸、形状有关，而且与其所在的位置有关。如果裂纹位于高值拉应力区就容易引起低应力破坏；若位于结构的应力集中区，则更危险。

此外，错边和角变形能引起附加的弯曲应力，对结构的脆性破坏也有影响，并且角变形越大，破坏应力越低。

4. 焊接缺陷对疲劳强度的影响

缺陷对疲劳强度的影响要比静载强度大得多。例如，气孔引起的承载截面减小 10% 时，疲劳强度的下降可达 50%。

焊缝内的平面型缺陷（如裂纹、未熔合、未焊透）由于应力集中系数较大，因而对疲劳强度的影响较大。含裂纹的结构与占同样面积气孔的结构相比，前者的疲劳强度比后者降低 15%。对未焊透来讲，随着其面积的增加疲劳强度明显下降。同时，这类平面型缺陷对疲劳强度的影响与负载的方向有关。

焊缝内部的球状夹渣、气孔，当其面积较小、数量较少时，对疲劳强度的影响不大，但当夹渣形成尖锐的边缘时，则对疲劳强度的影响十分明显。

咬边对疲劳强度的影响比气孔、夹渣大得多。带咬边的接头在 10^6 次循环的疲劳强度大约为致密接头的 40%，其影响程度也与负载方向有关。此外，焊缝的成形不良，焊趾区、焊根的未焊透，错边和角变形等外部缺陷都会引起应力集中，很易产生疲劳裂纹而造成疲劳破坏。

通常疲劳裂纹是从表面引发的，因此当缺陷露出表面或接近表面时，其疲劳强度的下降要比缺陷埋藏在内部的明显得多。

5. 焊接缺陷对应力腐蚀开裂的影响

通常应力腐蚀开裂总是从表面开始的。如果焊缝表面有缺陷，则裂纹很快在那里形核。因此，焊缝的表面粗糙度，结构上的死角、拐角、缺口、缝隙等都对应力腐蚀有很大影响。这些外部缺陷使浸入的介质局部浓缩，加快了电化学过程的进行和阳极的溶解，为应力腐蚀裂纹的成长提供了方便。

应力集中对疲劳强度有重大影响。同样地，应力集中对腐蚀疲劳也有很大影响。焊接接头的腐蚀疲劳破坏大都是从焊趾处开始，然后扩展，穿透整个截面而导致结构的破坏。因此，改善焊趾处的应力集中程度能大大提高接头抗腐蚀疲劳的能力。

7.2　焊接质量检测方法

由于焊接缺陷对焊接质量的影响极大，因此需要及时将焊接缺陷检测出来并予以清除。焊接质量检测的方法主要有无损检测和破坏性检测两大类。

现代无损检测是指在不损坏试件的前提下，以物理或化学方法为手段，借助于先进的技术和设备器材，对试件的内部及表面的结构、性质、状态进行检查和测试的方法。通常而言的无损检测技术方法包括射线检测（RT）、超声检测（UT）、磁粉检测（MT）、渗透检测（PT）及涡流检测（ET）等，另外，声发射检测（AE）和红外线检测技术在无损检测中也有应用。其中射线检测、超声检测、声发射检测和红外线检测技术主要用于检测试件的内部缺陷，而磁粉检测、渗透检测及涡流检测技术主要用于检测试件的外部缺陷。

7.2.1　射线检测

1. 射线及射线检测的基本原理

（1）射线的基础知识　所谓射线，是指波长较短的电磁波，或运动速度高、能量大的粒子流。常用的射线有 X 射线、γ 射线、微波、红外线等，利用这些射线进行检测的方法分别称为 X 射线检测、γ 射线检测、微波检测、红外线检测。

X 射线是波长为 0.001~0.1nm 的电磁波，它是由 X 射线管产生的。X 射线管由发射电子的阴极灯丝、受电子轰击的阳极靶和高压发生器组成，其简单结构和工作原理如图 7-6 所示。

X 射线产生的过程就是先将阴极灯丝通电加热，使之白炽化而释放出大量电子。这些电子在阴极灯丝和阳极靶之间几十至几百千伏电压所形成的高压电场中被加速，从阴极高速撞击阳极靶。撞击时电子能量的绝大部分转化为热能散发掉，其余极少部分（1% 左右）的能量以 X 射线的形式辐射出来。

γ 射线也是波长很短的电磁波，在本质上与 X 射线相同。但 γ 射线是在放射性物质（60Co、192Ir 等）的原子核发生衰变过程中产生的，实际上，γ 射线是在原子核衰变过程中处于激发态的核在向低能级的激发态或基态跃迁过程中产生的。显然，γ 射线的产生过程不同于 X 射线的产生过程。由于 γ 射线的波长比 X 射线短，因而 γ 射线能量更高，也就具有更大的穿透力。例如，目前广泛使用的 γ 射线源 60Co，它可以检查

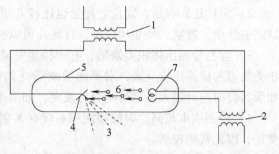

图 7-6　X 射线的产生示意图
1—高压变压器　2—灯丝变压器　3—X 射线
4—阳极　5—X 射管　6—电子　7—阴极（灯丝）

250mm 厚的铜质工件、300mm 厚的钢制工件或 350mm 厚的铝制工件。

（2）射线的衰减　当 X 射线或 γ 射线穿过物体时，将与物质发生光电效应、康普顿效应、电子对效应和瑞利散射，而由于这些相互作用，一部分射线被物质吸收，一部分射线被散射，使得穿透物质的射线强度低于入射射线的强度，这种现象称为射线的衰减。

射线强度的衰减随着透过物体厚度的增加、衰减系数的增大而增大。另外衰减系数 μ 值与射线的波长 λ 及物质的原子序数 z、密度 ρ 有关。即对同样的物质，其射线的波长越长，μ 值也就越大；对于同样能量的射线，物质的原子序数越大，密度越大，则 μ 值也越大。

（3）射线检测的基本原理　射线检测法是根据被检工件与其内部缺陷介质对射线能量衰减程度的不同，使得射线透过工件后的强度不同，使缺陷能在射线底片上显示出来的方法。如图 7-7a 所示，从 X 射线机发射出来的 X 射线透过工件时，除夹钨外的缺陷，内部介质（如气体、夹渣等）对射线的吸收能力比周围完好部位小一些，因而透过缺陷部位的射线强度会比周围完好部位大一些。在工件后面的感光胶片上，有缺陷的部位将接受较强的射线曝光，而其他完好部位接受较弱的射线曝光。经过暗室处理，得到缺陷处和无缺陷处具有不同黑度的底片，如图 7-7b 所示。评片人员根据底片上影像的形状和黑度的不均匀情况就可以判断焊缝中是否存在缺陷，进而评定该焊缝的质量。

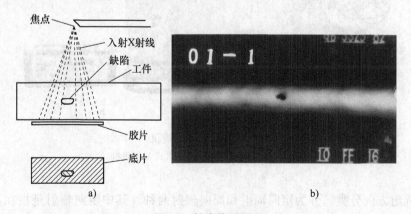

图 7-7　射线检测原理
a）原理示意图　b）底片上的缺陷图像

2. 射线检测的特点

1) 适用对象广。射线检测法适用于几乎所有材料，且对工件的形状几乎没有限制。

2) 定性比较容易，定位、定量也比较方便。射线检测法能够比较直观、准确地判断出缺陷的性质、数量、尺寸和位置，且底片可以长期保存。

3) 容易检测出体积类缺陷，有选择地发现平面型缺陷。射线检测法对气孔和夹渣等体积类缺陷的检测比较灵敏，对平面型缺陷（如裂纹）的检测则会受到照射角度的影响，即如果其裂向与射线方向平行则容易发现，如果垂直则不易发现，甚至不能显示出来。

4) 检测成本较高。射线检测法不仅有 X 射线机等设备的消耗费用，还有胶片、药剂等费用，因此费用较高。

5) 对人体有伤害，必须采取防护措施。

3. 射线检测的设备与器材

(1) X 射线机　X 射线机由高压系统、冷却系统、保护系统和控制系统四部分组成。可根据 X 射线机的大小或重量、辐射方式、制冷方式等对其进行分类，不同的分类标准有不同的种类名称。

1) 按体积或重量分类。可将 X 射线机分成固定式、移动式和便携式三种类型。

固定式 X 射线机采用 X 射线管与高压发生器分离，相互用高压电缆连接，高压电缆的长度一般为 2m，有良好冷却系统。其体积大、重量也大，不便移动，因此固定安装在 X 射线机房内。这类 X 射线机的管电压最高可达 450kV，且其管电流可调至 30mA 甚至更大。

移动式 X 射线机（图 7-8a）具有分立的各个组成部分，X 射线管与高压发生器分离，但它们共同安装在一个小车上，相互用高压电缆连接，可以方便地移动到现场进行射线检测。这类 X 射线机的管电压不高于 160kV（或 150kV），其管电流也是可调的。

便携式 X 射线机（图 7-8b）采用组合式射线发生器，其 X 射线管与高压发生器组合，采用低压电缆与操纵箱连接。这类射线机体积小、重量轻，便于携带，利于现场进行射线照相检测。便携式 X 射线机的管电压一般不超过 320kV，管电流经常固定为 5mA。

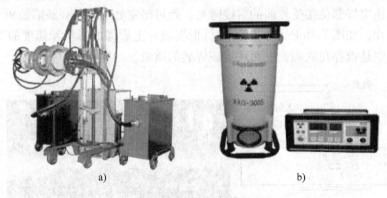

a)　　　　　　　　　　　　　　　　b)

图 7-8　常见 X 射线机

a) 移动式 X 射线机　b) 便携式 X 射线机

2) 按辐射方向分类。分为定向辐射和周向辐射两种。其中定向辐射是指在某个固定的角度范围内（一般为 40°±1°）发射 X 射线；而周向辐射则是在 360°范围内发射 X 射线。定向辐射和周向辐射的示意图如图 7-9 所示。

（2）γ射线机　γ射线机按其结构形式分为便携式（图7-10）、移动式和爬行式三种。便携式γ射线机多采用192Ir作射线源，适用于较薄件的检测；移动式γ射线机多采用60Co作射线源，用于较厚工件的检测。爬行式γ射线机主要用于野外焊接管线的检测。

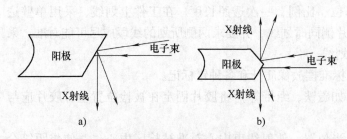

图7-9　定向辐射和周向辐射的示意图
a）定向辐射　b）周向辐射

图7-10　便携式γ射线机

γ射线机主要由五部分构成：源组件（密封γ射线源）、源容器（主机体）、输源（导）管、驱动机构和附件。图7-11所示为弯通道设计的γ射线机源容器结构示意图。

源容器是γ射线源的储存装置，是γ射线机的主要组成部分。在不曝光时，γ射线源被收回置于源容器中，为了减少γ射线辐射的外泄，源容器内部都装备了屏蔽材料，近年来主要采用贫化铀代替铅作为屏蔽材料。源容器的通道端口都设计有可快速连接的接口，源容器上还设计有一套安全连锁机构。这些装置和机构用以保证正确和安全操作γ射线机，以避免意外事故。

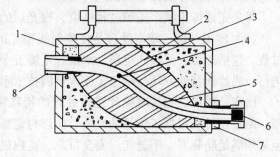

图7-11　弯通道γ射线机源容器的基本结构示意图
1—外壳　2—聚氨酯填料　3—贫化铀屏蔽层　4—γ源（源组件）　5—源托　6—安全接插器　7—密封盒　8—快速连接器

（3）胶片　射线胶片与普通胶片除了感光乳剂的成分和厚度有所不同外，主要的不同之处在于其片基的两面均涂有感光乳剂，以增加对射线敏感的卤化银含量，其结构如图7-12所示。

片基的主要成分为涤纶，它是感光乳剂层的支持体，厚度约为0.175～0.30mm。

结合层的成分是树脂，它将感光乳剂层牢固地粘结在片基上。

感光乳剂层的主要成分是明胶、极细颗粒的溴化银和少量的碘化银。感光乳剂层的厚度约为10～20μm。溴化银的颗粒尺寸一般不超过1μm，主要是在射线的作用下产生光化反应。明胶可以使卤化银

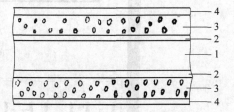

图7-12　X光胶片的构造
1—片基　2—结合层　3—感光乳剂层　4—保护膜

颗粒均匀地悬浮在感光乳剂层中，它具有多孔性，对水有极大的亲和力，使暗室处理药液能均匀地渗透到感光乳剂层中，完成处理。碘化银可提高反差和改善感光作用。

保护层的主要成分是明胶，厚度约为1～2μm，它涂在感光乳剂层上，避免感光乳剂层因直接与外界接触而产生损坏。

4. 射线检测的基本操作程序

（1）工件检查及清理　检查工件上有无妨碍射线穿透或妨碍贴片的物体，如果有，应尽可能去除。检查工件表面质量，经外观检测合格才能进行射线检测。

（2）划线　按照规定的检查部位、比例、一次透照长度，在工件上划线，采用单壁透照时，需要在工件射线侧和工件胶片侧同时划线，并要求两侧所划的线段应尽可能对准。采用双壁单影透照时，只需在胶片侧划线。

（3）像质计和标记摆放　按照标准摆放像质计和各种铅标记。

（4）贴片　采用可靠的方法（如磁铁、绳带等）将胶片固定在被检位置上，胶片应与工件表面紧密贴合。

（5）对焦　将射线源安放在适当位置，使射线束中心对准被检区中心，并使焦距符合要求。

（6）散射线防护　按照有关规定进行散射线的防护。

（7）曝光　在以上各步骤完成后，并确定现场人员放射防护安全符合要求后，方可按照所选择的曝光参数操作仪器进行曝光。

曝光完成即为整个透照过程结束，曝光后的胶片应及时进行暗室处理。

（8）暗室处理　暗室处理是将被射线曝光的带有潜影的胶片变为可见影像底片的处理过程。包括显影、停显、定影、水洗和干燥五个程序，其中显影、停显和定影必须在暗室中进行。底片质量的好坏与暗室工作人员的技术水平以及操作正确与否密切相关。

暗室是射线照相后对胶片进行处理的特殊房屋，是工业射线照相工作中不可缺少的设施。暗室设计应根据工作量的大小、显影与定影方式，以及设施水平等具体条件统筹安排，但必须满足防辐射、不透光、安全可靠、室内机具布局合理、室内通风、保持一定的温度和湿度等原则。

图 7-13 所示为暗室的布置和设施平面示意图。

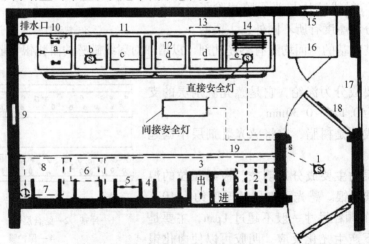

图 7-13　暗室平面布置示意图

1—带有避光门的通道　2—暗袋与胶片夹存放箱　3—取送胶片箱　4—工作台　5—胶片悬挂架
6—胶片存放柜　7—废品箱　8—避光抽屉　9—空气进入口　10—电钟　11—暗室处理流程图
板表　12—X 射线胶片处理槽　13—照明灯　14—悬挂架排水处　15—底片干燥箱的出气口
16—底片干燥箱　17—避光/观察板　18—避光百页窗　19—胶片供应室
a—显影　b—停影　c—定影　d—水洗　e—排水槽　S—开关

暗室处理除了采用手工处理胶片外，还可以采用自动洗片机（如图 7-14 所示，实物如图 7-15 所示）处理胶片。胶片从进片口送入自动洗片机内，然后顺序通过显影、定影、水洗、干燥过程，从出片口送出一张处理质量良好的底片。完成上述全过程处理的时间约为 7~14min，或更短些。

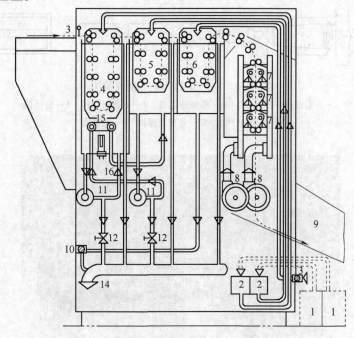

图 7-14 自动洗片机机构示意图

1—显影液和定影液补充箱（机外） 2—补给泵 3—进片扫描器 4—显影箱 5—定影箱
6—水洗箱 7—红外加热器 8—风扇 9—收片斗 10—排水阀门 11—循环泵 12—显影液和
定影液排放口 13—冷水供给阀门 14—总排放口 15—定影液热交换器 16—显影液加热器

与手工处理胶片相比，自动洗片机处理胶片具有以下优点：速度快、效率高（每小时约可处理胶片 100~200 张）、质量好、劳动强度低等。

5. 射线检测的新技术

（1）射线实时成像检测技术　射线实时成像检测是工业射线检测很有发展前途的一种新技术，与传统的射线检测法相比具有实时、高效、不用射线胶片、可记录和劳动条件好等显著优点。它主要用于钢管、压力容器壳体焊缝检查、微电子器件和集成电路检查、食品包装夹杂物检查及海关安全检查等。

图 7-15 全自动高速胶片冲洗机

射线实时成像是一种在射线透照的同时即可观察到所产生图像的检测方法。这种方法是利用小焦点或微焦点 X 射线源透照工件，利用荧光屏将 X 射线图像转换为可见光图像，再通过电视摄像机摄像后，将图像直接显示或通过计算机处理后再显示在电视监视屏上，以此来评定工件内部质量。

根据将 X 射线图像转换为可见光图像所用器件的不同，射线实时成像检测技术分为荧光屏-电视成像法、光电增强-电视成像法、X 光图像增强-电视成像法和 X 射线光导摄像机直接成像法四种。其中 X 光图像增强-电视成像法在国内外应用最为广泛，是当今射线实时成像检测的主流设备，其检测灵敏度已高于 2%，并可与射线检测法相媲美。通常所说的工业 X 射线电视检测，即指该方法，其检测系统原理如图 7-16 所示，组成如图 7-17 所示。

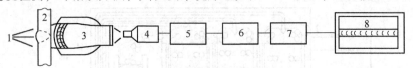

图 7-16　X 光图像增强-电视成像法

1—X 射线源　2—工件　3—图像增强器　4—电视摄像机　5—转换器
6—图像处理器　7—电视录像机　8—监视器

图 7-17　移动式 X 射线机及 X 射线实时成像检测系统

（2）射线荧光屏观察法　荧光屏观察法是将透过被检物体后的不同强度的射线，再投射在涂有荧光物质的荧光屏上，激发出不同强度的荧光而得到物体内部的影像。

此法所用设备主要由 X 射线发生器及其控制设备、荧光屏、观察和记录用的辅助设备、防护及传送工件的装置等几部分组成，如图 7-18 所示。检测时，把工件送至观察箱上，X 射线管发出的射线透过被检工件，落到与之紧挨着的荧光屏上，显示的缺陷影像经平面镜反射后，通过平行于平面镜的铅玻璃观察。

荧光屏观察法反映的缺陷图像是荧光屏上的发光图像，故不需暗室处理，从而节省了大量的软片和工时，成本低；能对工件连续检查，并能迅速得出

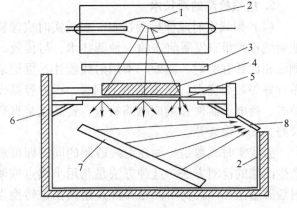

图 7-18　射线荧光屏观察法示意图

1—X 射线管　2—防护罩　3—铅遮光　4—工件
5—荧光屏　6—观察箱　7—平面反射镜　8—铅玻璃

结果。但由于它不能像照相法那样把射线的能量积累起来，因此只能检查较薄且结构简单的工件。同时灵敏度较差，与照相法比相差很远。此法最高灵敏度在 2% ~ 3%，大量检测时，灵敏度最高只达 4% ~ 7%，对于微小裂纹是无法发现的。

（3）射线计算机断层扫描技术 计算机断层扫描技术，简称 CT（Computer Tomography）。它是根据物体横断面的一组投影数据，经计算机处理后，得到物体横断面的图像，其结构如图 7-19 所示。

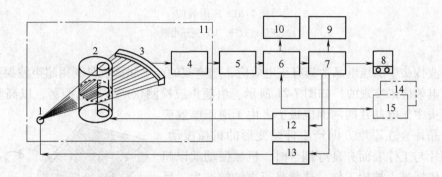

图 7-19 射线工业 CT 系统组成框图
1—射线源 2—工件 3—检测器 4—数据采集部 5—高速运算器 6—计算机 CPU
7—控制器 8—显示器 9—摄影单元 10—磁盘 11—防护设施 12—机械控制单元
13—射线控制单元 14—应用软件 15—图像处理器

射线源发出扇形束射线，被工件衰减后的射线强度投影数据经接收检测器被数据采集部采集，并进行从模拟量到数字量的高速 A/D 转换，形成数字信息。在一次扫描结束后，工作转动一个角度再进行下一次扫描，如此反复下去，即可采集到若干组数据。这些数字信息在高速运算器中进行修正、图像重建处理和暂存，在计算机 CPU 的统一管理及应用软件支持下，便可获得被检测物体某一断面的真实图像，并显示于监视器上。

7.2.2 超声波检测

1. 超声波基础知识

超声波对大家来说并不陌生。例如用超声波对身体某些器官进行检查，如肝、脾、胃等的检查，是超声波在医学上的应用。同样利用超声波可以检查金属内部的质量，是超声波在工业上的应用，即超声波检测。

超声波是一种高频机械振动波。产生高频超声波的设备是压电换能器。压电换能器的主要部分是压电晶片，压电晶片由压电材料制成。压电材料具有压电效应，如图 7-20 所示。压电材料受拉应力或压应力变形时，会在晶片表面出现电荷；反之，在电荷或电场作用时，会发生变形。前者称为正压电效应，如图 7-20a 所示，后者称为逆压电效应，如图 7-20b 所示。正、逆压电效应统称为压电效应。压电效应是一种可逆的物理效应，可以将电振动转换成机械振动，也能将机械振动转换成电振动。

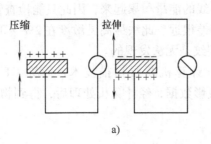
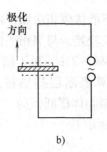

图 7-20　压电效应
a) 正压电效应　b) 逆压电效应

超声波探头中的压电晶片具有压电效应，超声波的产生和接收是利用超声波探头中压电晶片的压电效应来实现的，如图 7-21 所示。由超声波检测仪产生的电振荡，以高频电压形式加于探头中压电晶片的两面电极上。由于逆压电效应的结果，晶片会在厚度方向产生伸缩变形的机械振动。若压电晶片与工件表面有良好耦合时，机械振动就以超声波形式传播进入被检工件，这就是超声波的产生。反之，当晶片受到超声波作用而发生伸缩变形时，正压电效应又会使晶片两表面产生不同极性的电荷，形成超声频率的高频电压，以回波电信号形式经检测仪显示，这就是超声波的接收。

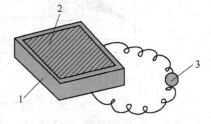

图 7-21　超声波的产生
1—压电晶片　2—电极　3—超声波检测仪

2. 超声波检测设备

（1）超声波检测仪　超声波检测仪是超声波检测的主体设备，主要作用是：①激励探头发射超声波；②显示工件内部有无缺陷及缺陷位置和大小的信息。按超声波的连续性，超声波检测仪可分为脉冲波超声检测仪、连续波超声检测仪、调频波超声检测仪；按缺陷显示方式，超声波检测仪可分为 A 型显示脉冲反射式超声波检测仪（图 7-22）、B 型显示超声波检测仪（其显示原理如图 7-23 所示）、C 型显示超声波检测仪（其显示原理如图 7-24 所示）。

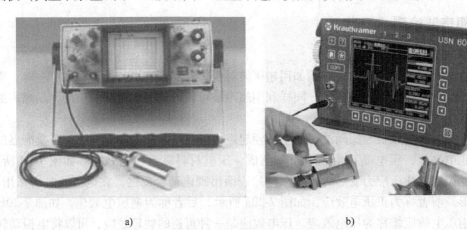
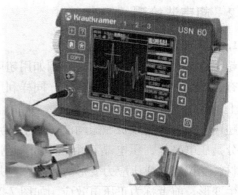

图 7-22　A 型显示超声波检测仪
a）CTS-22 型超声波检测仪　b）USN60 型数字式超声波检测仪

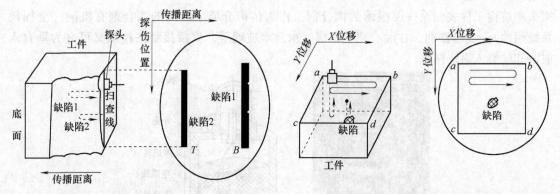

图 7-23　B 型超声波检测仪显示原理　　　　图 7-24　C 型超声波检测仪显示原理

目前，检测中广泛使用的超声波检测仪，如 CTS-22、CTS-26 等都是 A 型显示脉冲反射式超声波检测仪。

A 型脉冲反射式超声波检测仪由以下几个主要部分组成：同步电路、扫描电路、发射电路、接收电路、显元电路和电源电路等，如图 7-25 所示。接通电源后，同步电路产生的触发脉冲同时加至扫描电路和发射电路。扫描电路受触发后开始工作，产生的锯齿波电压加至示波管水平偏转板上，使电子束发生水平偏转，从而在示波屏上产生一条水平扫描线（又称时间基线）。与此同时，发射电路受触发产生高频窄脉冲并加至探头，

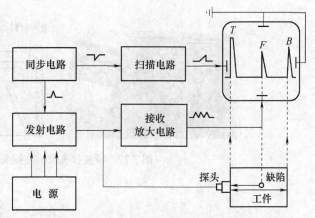

图 7-25　A 型显示脉冲反射式超声波检测仪原理

激励压电晶片振动而产生超声波，超声波通过探测表面的耦合剂进入工件。超声波在工件中传播遇到缺陷或底面时会发生反射，回波被探头所接收并被转变为电信号，经接收电路放大和检波后加到示波管垂直（Y 轴）偏转板上，使电子束发生垂直偏转，在水平扫描线的相应位置上产生缺陷波 F、底波 B。检测仪示波屏上横坐标反映了超声波的传播时间，纵坐标反映了反射波的波幅。通过始波 T 和缺陷波 F 之间的距离，便可确定缺陷距离工件表面的位置，同时通过缺陷波 F 的高度可确定缺陷的大小。

（2）超声波探头　超声波检测使用探头的种类很多，根据波型不同分为纵波探头、横波探头、表面波探头等。根据耦合方式分为接触式探头和液浸探头。根据晶片数目不同分为单晶探头和双晶探头。在焊缝检测中，常用的探头主要是纵波探头（图 7-26）、横波探头（图 7-27）和双晶探头（图 7-28）。

3. 超声波检测的基本方法

超声波检测有多种检测方式及方法，按探头与工件接触方式不同，可将超声波检测分为直接接触法和液浸法两种。

（1）直接接触法　即使探头直接接触工件进行检测的方法。使用直接接触法时，应在

探头和被检工件表面涂一层很薄的耦合剂，作为传声介质。常用的耦合剂有机油（全损耗系统用油）、变压器油、甘油、化学糨糊、水及水玻璃等。直接接触法检测又可分为垂直入射法和倾斜入射法两种。

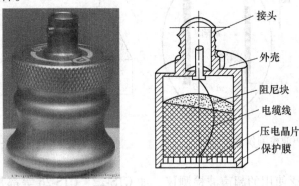

图 7-26　纵波探头及纵波探头的结构示意图

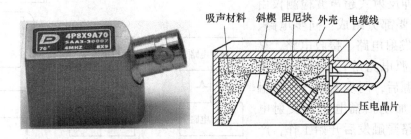

图 7-27　横波探头及横波探头结构示意图

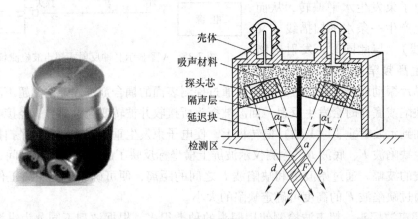

图 7-28　双晶探头及双晶探头结构示意图

1）垂直入射法。垂直入射法是采用直探头将声束垂直射入工件检测面进行检测的方法，简称垂直法，又称为纵波法，如图 7-29 所示。其表现形式为：当直探头在检测面上移动时，无缺陷处的示波屏上只有始波 T 和底波 B（图 7-29a），若探头移到有缺陷处时，则示波屏上出现始波 T、缺陷波 F 和底波 B（图 7-29b）。

显然，垂直入射法能发现与检测平面平行或近于平行的缺陷，适用于厚钢板、轴类、轮等几何形状简单的工件。

图7-29　垂直入射法示意图

2）倾斜入射法。在焊缝检测中，由于焊缝余高的影响及焊缝中存在的缺陷往往是与检测面近于垂直或形成一定角度的，所以在一般情况下采用超声波倾斜入射到工件内部的检测方法，即倾斜入射法。倾斜入射法是采用斜探头将声束倾斜射入工件检测面进行检测的。由于它是利用横波进行检测，故又称横波法，如图7-30所示。

当斜探头在工件检测面上移动时，若工件内没有缺陷，则声束在工件内经多次反射将以"w"形路径传播，此时在示波屏上只有始波 T，如图7-30a所示。当工件存在缺陷，且该缺陷与声束垂直或倾斜角很小时，声束会被缺陷反射回来，此时示波屏上将显示出始波 T、缺陷波 F，如图7-30b所示。当斜探头接近板端时，声束将被端角反射回来，此时在示波屏上将出现始波 T 和端角波 B，如图7-30c所示。

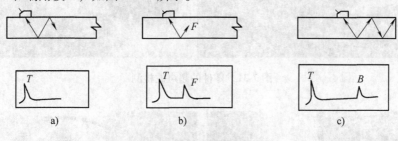

图7-30　倾斜入射法示意图
a）无缺陷　b）有缺陷　c）接近板端

（2）液浸法　液浸法是将工件和探头头部浸在耦合液体中，探头不接触工件的检测方法。通常情况下，液浸法用水做耦合介质，故称水浸法。该法具有声波发射和接收比较稳定，易于实现检测过程自动化，并可显著提高检测速度等优点，常用于坯料和型材的自动检测、某些特殊工件的检测，以及焊缝的精密检测。

液浸法的主要缺点是需要一些辅助设备，如液槽、探头桥架、探头操纵器等，同时还由于液体耦合层一般较厚而导致声能损失较大。

4. 超声波检测的特点及应用

（1）超声波检测的优点

1）超声波穿透能力强，探测深度可达数米。

2）灵敏度高，可发现与直径约十分之几毫米的空气隙反射能力相当的反射体。

3）在确定内部反射体的位向、大小、形状及性质等方面较为准确。

4）仅需从一面接近被检测的物体。

5）可立即提供缺陷检验结果。

6）操作安全，设备轻便，对人体及环境无害，可现场检测。

（2）超声波检测的缺点

1）对操作人员的经验及责任心要求比较高。

2）对粗糙、形状不规则、小、薄或非均质材料难以检查。

3）对材料及制件的缺陷作十分准确的定性、定量表征仍有困难。

（3）超声波检测的应用　超声波检测经常用于锻件、焊缝及铸件等的缺陷检测，如图7-31所示。能发现工件内部较小的裂纹、夹渣、缩孔、未焊透等缺陷。但是，被探测物要求形状较简单，并要求一定的表面质量。为了成批地快速检查管材、棒材、钢板等型材，大型企业一般配备有机械传送、自动报警、标记和分选装置的超声波检测系统，如图7-32所示。

图 7-31　零件的超声波检测

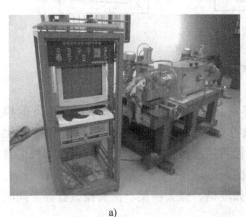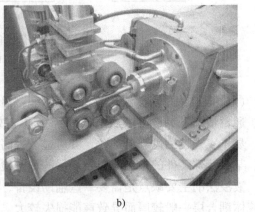

a)　　　　　　　　　　　　　　　b)

图 7-32　小径管自动超声波检测机组

a）超声波检测设备整体图　b）检测设备正在工作

除检测外，超声波还可用于测定材料的厚度，其原理与脉冲回波检测法相同，可用来测定化工管道、船体钢板等易腐蚀构件的厚度。利用测定超声波在材料中的声速、衰减或共振频率，还可测定金属材料的晶粒度、弹性模量、硬度、内应力、钢的淬硬层深度、球墨铸铁的球化程度等。

7.2.3　磁粉检测

1. 磁粉检测原理

铁磁性材料制成的工件被磁化后，其内部产生很强的磁感应强度，如果工件本身没有缺陷，磁力线在其内部是均匀连续分布的。如果材料中存在不连续性（包括缺陷造成的不连续性和结构、形状、材质等原因造成的不连续性），磁力线会发生畸变，部分磁力线有可能逸出材料表面，从空间穿过，形成漏磁场，如图7-33所示，漏磁场的局部磁极能够吸引铁磁物质。

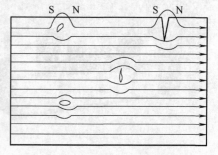

图 7-33　缺陷附近的磁通分布

工件中裂纹造成的不连续性会使磁力线畸变，由于裂纹中空气介质的磁导率远远低于工件的磁导率，使磁力线受阻，一部分磁力线挤到缺陷的底部，一部分排挤出工件的表面后再进入工件。如果这时在工件上撒上磁粉，漏磁场就会吸附磁粉，形成与缺陷形状相近的磁粉堆积，被称为磁痕，如图 7-34 所示。通过磁痕就可将漏磁场检测出来，并能确定缺陷的位置（有时包括缺陷的大小、形状和性质等）。磁痕的大小是实际缺陷的几倍或几十倍，从而容易被肉眼识别。

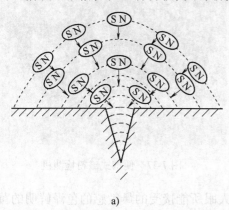
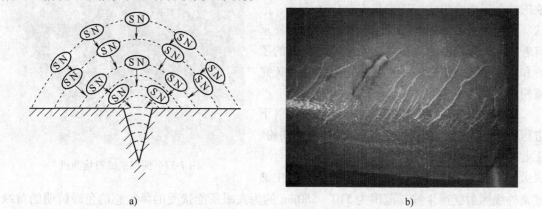

a)　　　　　　　　　　　　　　　　　　b)

图 7-34　磁痕的形成

a）磁痕示意图　b）零件上的裂纹形成的荧光磁痕

2. 磁粉检测设备及器材

（1）磁粉检测机　根据磁粉检测机的重量和可移动性分为固定式、移动式和便携式三种。

1）固定式磁粉检测机。固定式磁粉检测机（图7-35）带有照明装置，退磁装置，磁悬液搅拌、喷洒装置，有夹持工件的磁化夹头和放置工件的工作台及格栅，一般安装在固定场所。能采用通电法、中心导体法、感应电流法、线圈法、磁轭法整体磁化或复合磁化等磁化方法。

2）移动式磁粉检测机。移动式磁粉检测机（图7-36）是一种分立型的检测装置，这类设备一般装有滚轮，能在一定范围内自由移动，或吊装到车上拉到检验现场，可以适应不同检测要求的需要。它的主体是磁化电源，可提供交流电和半波整流电的磁化电流，磁化电流输出一般为 3 ~ 6kA。配合使用的附件有支杆触头、夹钳触头、磁化线圈（或电磁轭）和软电缆等。

图 7-35　固定式磁粉检测机

图 7-36　移动式磁粉检测机

3）便携式磁粉检测机。便携式磁粉检测机（图 7-37）具有体积小、重量轻和携带方便等特点，适合于高空、野外等现场的磁粉检测及锅炉、压力容器焊缝的局部检测。

（2）磁粉　磁粉是磁粉检测的显示介质，由铁磁性金属微粒组成。磁粉具有一定的大小、形状、颜色和较高的磁性，对工件磁粉痕迹的显示有着很大的影响。因此，对磁粉应进行全面的了解和正确使用。按磁痕观察方式把磁粉分为荧光磁粉和非荧光磁粉两类。

1）荧光磁粉。荧光磁粉是在紫外线照射下进行磁痕观察的磁粉。通常是以磁性氧化铁粉、工业纯铁粉、或羰基铁粉等为核心，外面粘合一层荧光染料树脂所制成的。这种磁粉在暗室中通

图 7-37　便携式磁粉检测机

过紫外线照射能产生波长范围为 510 ~ 550nm 的为人眼所能接受的最敏感的色泽鲜明的黄绿色荧光，与工件表面颜色对比度高，容易观察，所以适合于各种工件的表面检测，尤其适合检测深色表面的工件，具有较高的灵敏度。

2）非荧光磁粉。非荧光磁粉是在白光下能观察到磁痕的磁粉。通常是由粒度为 150 ~ 200 目（0.07 ~ 0.1mm）铁的氧化物（Fe_3O_4 或 Fe_2O_3）颗粒组成。按照磁粉的颜色不同，可分为黑磁粉（主要成分是 Fe_3O_4 颗粒）、红磁粉（主要成分是 Fe_2O_3 颗粒）和白磁粉（由黑磁粉 Fe_3O_4 与铝或氧化镁合成）等，不同颜色的磁粉可以用于不同颜色的被检测表面，通过增加与被检测表面的对比度来提高磁粉检测的灵敏度。

（3）磁悬液　将磁粉混合在液体介质中形成磁粉的悬浮液，称为磁悬液，如图 7-38 所示。用来悬浮磁粉的液体称为载液。在磁悬液中，磁粉和载液是按一定比例混合而成的。根据采用的磁粉和载液的不同，可将磁悬液分为油基磁悬液、水基磁悬液和荧光磁悬液。

3. 磁粉检测检验程序

根据被检工件的材料、形状、尺寸及需检查缺陷的性质、部位、方向和形状等的不同，

所采用的磁粉检测方法也不尽相同，但其检测步骤大体如下：

1）检测前的准备。校验检测设备的灵敏度，除去被检工件表面的油污、铁锈、氧化皮等。

2）磁化。

①确定检测方法。对高碳钢或经热处理（淬火、回火、渗碳、渗氮）的结构钢零件用剩磁法检测，对低碳钢、软钢用连续法检测。

②确定磁化方法。

③确定磁化电流种类。一般直流电结合干磁粉、交流电结合湿磁粉效果较好。

④确定磁化方向。应尽可能使磁场方向与缺陷分布方向垂直。

图 7-38　磁悬液

⑤确定磁化电流。磁化电流的选择是影响磁粉检验灵敏度的关键因素，其大小一般根据磁化方式再由相应的标准或技术文件确定。

⑥确定磁化的通电时间。采用连续法时，应在施加磁粉工作结束后再切断磁化电流。一般在磁悬液停止流动后再通几次电，每次时间为 0.5～2s。采用剩磁法时，通电时间一般为 0.2～1s。

3）喷洒磁粉或磁悬液。采用干法检验时，应使干磁粉喷成雾状；湿法检验时，磁悬液需经过充分的搅拌，然后进行喷洒。

4）对磁痕进行观察及评定。对钢制压力容器的磁粉检测，必须用 2～10 倍放大镜观察磁痕。用于非荧光法检验的白色光强度应保证工件表面有足够的亮度。用荧光磁粉检验时，被检表面的黑光强度应不少于 970lx。若发现有裂纹、成排气孔或超标的线形或圆形显示，均判定为不合格。

5）退磁。使工件剩磁为零的过程叫做退磁。常用的退磁方法有交流线圈退磁法和直流退磁法。

6）清洗、干燥、防锈处理。

7）结果记录。

4. 磁粉检测的特点及应用

（1）磁粉检测的优点

1）可以直观显示缺陷的形状、位置、大小，并能大致确定缺陷的性质。

2）检测灵敏度较高，可检出缺陷最小宽度为 1μm。

3）适应范围广，几乎不受被检工件大小和形状限制。

4）检测速度快，工艺简单，费用低廉。

（2）磁粉检测的局限性

1）只能用于检测铁磁性材料，如碳钢、合金钢等制造的零件，不适用于检测奥氏体不锈钢、铜、铝、镁等金属、非金属材料等非铁磁性材料。

2）只能发现表面和近表面缺陷，可探测的深度一般为 1～2mm。若采用低频（≤15Hz），输出电压 60V、电流为 200A 时，检测深度可达 8mm。

3）深度方向的缺陷定量和定位困难。

4）对缺陷的取向有一定限制，一般要求磁场方向与缺陷主平面的夹角大于 20°，宽而浅的缺陷难以检出。

5）对试件表面要求较高，试件表面不得有油脂或其他能粘附磁粉的物质，且检测后常需退磁和清洗。

（3）磁粉检测的应用　磁粉检测广泛应用于航空航天、压力容器及锅炉制造、化工、电力、造船、原子能等领域零部件的表面质量检测，目前已发展成为五种常规的无损检测方法之一。

7.2.4　渗透检测

1. 渗透检测的基本原理

渗透检测又称 PT（Penetrate Testing）或 LPT（Liquid Penetrate Testing），是在被检工件上浸涂带有荧光或红色染料的渗透液，利用渗透液的渗透作用，显示表面缺陷痕迹的一种无损检测方法。可将零件表面的开口缺陷看做是毛细管或毛细缝隙。将溶有荧光染料或着色染料的渗透液施加于试件表面，由于毛细现象的作用，渗透液渗入到各类开口于表面的细小缺陷中，清除附着于试件表面上多余的渗透液，经干燥后再施加显像剂，缺陷中的渗透液在毛细现象的作用下重新被吸附到零件表面上，形成放大了的缺陷显示，在黑光下（荧光检测法）或白光下（着色检测法）观察，缺陷处可分别相应地发出黄绿色的荧光或呈现红色显示，从而作出缺陷的评定，如图 7-39 所示。通常渗透检测按照渗透、去除、显像、观察的顺序进行。

a)　　　　　　　　b)　　　　　　　　c)　　　　　　　　d)

图 7-39　渗透检测的基本过程

a）渗透处理　b）去除处理　c）显像处理　d）观察

2. 渗透检测设备

渗透检测设备一般分为三类：固定式、便携式和自动化渗透检测装置。固定式渗透检测装置由渗透槽、乳化槽、清洗槽、干燥槽、显像槽及检查台等组成，如图 7-40 所示。

在无固定检测设备或者要对大型工件进行局部检测时，可采用便携式渗透检测装置，如图 7-41 所示。检测时，在压力喷罐中装入被喷涂的材料（渗透剂）。当按下喷罐上的喷嘴时，可使喷涂液呈雾状喷出。该装置

图 7-40　固定式渗透检测装置

由于体积小、重量轻、便于携带，故适用于现场检测。

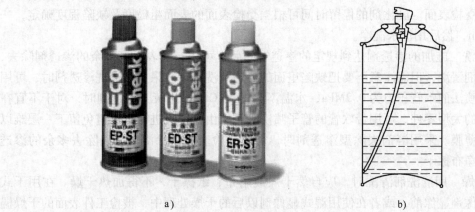

图 7-41　便携式渗透剂喷罐

a）渗透剂　b）压力喷罐

国外已研制出许多自动化荧光渗透装置，如图 7-42 所示。被检工件被传送到设备上，每个工序自动操作，最后在黑光灯下用光导摄像管扫描，实现缺陷的自动辨认。

图 7-42　自动化荧光渗透装置

3. 渗透检测的基本方法和步骤

根据不同类型的渗透剂、不同去除表面多余渗透剂的方法以及不同的显像方式，可以组合成多种不同的渗透检测方法。这些方法间虽然存在着若干差异，但都是按照一定的基本步骤进行操作的。下面以钢制压力容器（指设计温度高于 − 20℃的钢制焊接单层压力容器、多层包扎压力容器及热套压力容器）为例，简述渗透检测的方法、步骤和要求。

（1）表面准备和预处理　在渗透检测前，应对受检表面及附近 30mm 范围内进行清理，不得有污垢、锈蚀、焊渣、氧化皮等，受检表面妨碍显示时，应进行打磨或抛光处理。在喷、涂渗透剂之前，需清洗受检表面，如用丙酮干擦，再用清洗剂将受检表面洗净，然后烘干或晾干。

（2）渗透　用浸浴、刷涂或喷涂等方法将渗透剂施加于受检表面。采用喷涂法时，喷嘴距受检表面的距离宜为 20 ~ 30mm，渗透剂必须湿润全部受检表面，并保证足够的渗透时间（一般为 15 ~ 30min）。若对细小的缺陷进行探测，可将工件预热到 40 ~ 50℃，然后进行渗透。

（3）乳化　当使用乳化型渗透剂时，应在渗透后清洗前用浸浴、刷涂或喷涂方法将乳化剂施加于受检表面。乳化剂的停留时间可根据受检表面的表面粗糙度及缺陷程度确定，一般为 1～5min，然后用清水洗净。

（4）清洗　施加的渗透剂达到规定的渗透时间后，可用布将表面上多余的渗透剂除去，然后用清洗剂清洗，但需注意不要把缺陷里面的渗透剂洗掉。若采用水清洗渗透剂时，可用水喷法。水喷法的水管压力为 0.2MPa，水温不超过 43℃。采用荧光渗透剂时，对于不宜在设备中洗涤的大型零件，可用带软管的管子喷洗，且应由上往下进行，以避免留下一层难以去除的荧光薄膜。采用溶剂去除型渗透剂时，需在受检表面喷涂溶剂，以除去多余的渗透剂，并用干净布擦干。

（5）干燥　用清洗剂清洗时，应自然干燥或用布、纸擦干，不得加热干燥。在用干式或快干式显像剂显像前，或者在使用湿式显像剂以后的干燥处理中，被检工件表面的干燥温度应不高于 52℃。

（6）显像　清洗后，在受检表面上刷涂或喷涂一层薄而均匀的显像剂，厚度为 0.05～0.07mm，保持 15～30min 后进行观察。

（7）观察　采用着色渗透法时，应在 500lx 以上的可见光下用肉眼观察，当受检表面有缺陷时，即可在白色的显像剂上显示出红色图像。采用荧光渗透法时，用黑光灯或紫外线灯在黑暗处进行照射，被检物表面上的标准荧光强度应大于 50lx，当有缺陷时即显示出明亮的荧光图像。必要时用 5～10 倍放大镜观察，以免遗漏微细裂纹。

（8）质量评定　钢制压力容器不允许有任何裂纹和分层存在，发现裂纹或分层时应做好记录，并按 GB 150.1～150.4—2011《压力容器》中的规定进行修磨和补焊。对于钢制压力容器的具体产品，其渗透检测的质量评定应按相应的产品标准进行。

4. 渗透检测的特点

1）只能检测表面开口缺陷的分布，难以确定缺陷的实际深度。

2）可以检测钢铁及非铁金属、陶瓷、塑料、玻璃制品等。

3）渗透检测的原理简明易懂，设备简单，方法灵活，缺陷显示直观，检测灵敏度高，检测费用低。

4）检测结果受操作者技术水平的影响较大。

5）由于渗透检测只能检测表面开口缺陷，所以一般应当和其他无损检测方法配合使用才能最终确定缺陷性质。

7.2.5　其他检测方法

1. 声发射检测

（1）声发射检测原理

1）声发射现象。材料或结构受外力和内力作用产生变形或断裂，以弹性波形式释放出应变能的现象称为声发射。发射弹性波的位置（缺陷）称为声发射源。声发射是一种常见的物理现象，如果释放的应变能足够大，就可产生人耳听得见的声音。大多数金属材料塑性变形和断裂时有声发射发生，但许多金属材料的声发射信号强度很弱，人耳不能直接听见，需要借助灵敏的电子仪器才能检测出来。用仪器检测、记录、分析声发射信号和利用声发射信号推断声发射源的技术称为声发射技术，所采用的仪器成为声发射仪。

2）声发射检测的基本原理。声发射检测的基本原理就是由外部条件（如力、热、电、磁等）的作用而使物体发声，根据物体的发声推断物体的状态或内部结构的变化。由物体发射出来的每一个声信号都包含着反映物体内部的缺陷性质和状态变化的信息。声发射检测就是接收这些信号，加以处理、分析和研究，从而推断材料内部的状态变化。

（2）声发射检测的特点

1）声发射检测是一种动态无损检测方法，它可以实时反映缺陷的动态信息，实行监视和危险报警。

2）声发射检测时不需移动探头（传感器），可以利用多通道声发射装置，对缺陷进行准确的定位，灵敏度高。声发射检测的这一特点对大型结构（如球罐等）的检测特别方便。

3）除极少材料外，金属和非金属材料在一定条件下都有声发射发生，所以，声发射检测几乎不受检测材料的限制。

4）用声发射检测可以判断缺陷的严重性。一个同样大小、同样性质的缺陷，当它所处的位置和所受的应力状态不同时，对结构的损伤程度也不同，所以它的声发射特征也有差别。明确了来自缺陷的声发射信号，就可以长期连续地监视缺陷的安全性，这是其他无损检测方法难以实现的。

5）塑性变形和裂纹扩展均产生声发射，在声发射检测的频率范围内还存在强的噪声干扰。在应用声发射技术时需要认真辨别检测到的信号，防止混淆。

6）由于材料的塑性变形是不可逆的，由塑性变形引起的声发射也是不可逆的。只有第二次重复载荷超过第一次最大载荷时才产生声发射，这一现象称为声发射的不可逆效应，又称凯塞（Kaiser）效应。

7）声发射信号的解析比较困难，设备比较昂贵。

（3）声发射检测在焊接中的应用　声发射技术目前已发展成为金属压力容器检测和安全评定的重要无损检测方法之一，由于它是在容器受载过程中进行动态整体监测的，所以特别适合那些无法进行内部检验和焊缝中存在大量超标缺陷的压力容器的检验和评定。声发射在压力容器的应用主要有以下几个方面：

1）压力容器出厂前水压试验。压力容器出厂前水压试验进行声发射检测，可以确定缺陷的有害度，取得该压力容器安全性的原始资料，一旦发现问题，易于及时返修，而且试验为简单的应力循环，环境噪声比较小，容易提高监测的信噪比。

2）容器定期检修时水压试验。根据声发射的不可逆效应，如果容器在运转中由于疲劳等原因出现了裂纹，或者原有的裂纹扩展了，则在较低的压力下，就会有声发射信号产生。对已投产的压力容器进行定期检测就是利用了这一原理。

3）压力容器的在役检测。压力容器投入运行以后，在不同的温度、压力和腐蚀介质下工作，迫切需要经常了解容器的安全情况。当有危险性缺陷出现时能进行预报而及时停止运行，以防止重大事故发生。尤其对核压力容器的安全运行进行声发射监测，有重要的意义。

4）容器爆破试验时的监测。在进行试验时，用声发射技术可以监测加压和爆破试验的全过程，包括裂纹的形成、扩展直到最后的断裂。根据试验结果，可在容器破损前 8～10min 可靠地做出预报。

声发射检测技术除了评价压力容器的安全性外，还可以对氩弧焊、电子束焊、电阻点焊等焊接方法的焊接过程进行监视，以了解其焊接过程的可行性。

2. 涡流检测

当导电体靠近变化着的磁场或导体作切割磁力线运动时，由电磁感应定律可知，导电体内必然会感生出呈涡状流动的电流，故得名涡流。利用电磁感应原理，通过测定被检工件内感生涡流的变化来评定导电材料及其工件的某些性能，或发现缺陷的无损检测方法称为涡流检测。

如图 7-43 所示，当将一通以交变电流的检测线圈靠近导电体时，在离导体表面的一定深度范围内将感生出涡流。此涡流将产生一感应磁场，并反作用于原激励磁场，使检测线圈（激励线圈）的磁场特性发生变化，其结果是导致检测线圈的复阻抗等参数发生改变。由于导电体内感生涡流的幅值、相位、流动形式及其伴生磁场受导电体的特性（几何形状和尺寸、电磁特性、有

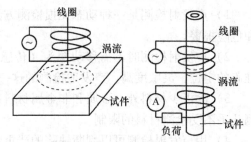

图 7-43　金属中产生涡流的示意图

无缺陷等）、检测线圈的特性（形状、尺寸、激励波形及频率等），以及导体与检测线圈之间的距离（提离）等诸多因素的影响，因此，当采用控制手段只让其中某一因素改变而使其他因素保持不变时，通过监测检测线圈复阻抗的变化，即可非破坏地评价以上各影响因素的状况，此即涡流检测的基本原理。

交变的感生涡流渗入被检材料或工件的深度与其频率的 1/2 次幂成反比。鉴于常规涡流检测使用的频率较高（数百到数兆赫兹），渗透深度通常较浅，因此常规涡流检测是一种表面或近表面的无损检测方法。

与其他无损检测方法比较，涡流检测的主要特点有：

1）对导电材料表面和近表面缺陷的检测灵敏度较高，由于具有趋肤效应，不适用于深层内部缺陷的检测。

2）应用范围广，对影响感生涡流特性的各种物理和工艺因素均能实施检测。

3）在一定条件下，能反映有关裂纹深度的信息。

4）不需用耦合剂，易于实现管、棒、线材高速、高效的自动化检测。

5）可在高温、薄壁管、细线、零件内孔表面等其他检测方法不适用的场合实施检测。

3. 微波检测

（1）微波检测的基本原理　微波检测是通过研究微波反射、透射、衍射、干涉、腔体微扰等物理特性的改变，以及微波作用于被检测材料时的电磁特性——介电常数损耗正切角的相对变化，通过测量微波基本参数（如微波幅度、频率、相位）的变化，来判断被测材料或物体内部是否存在缺陷及测定其他物理参数。

微波在介电材料内部传播时，微波场与介电材料分子相互作用，并发生电子极化、原子极化、方向极化和空间电荷极化等现象。这四种极化决定介质的介电常数。介电常数越大，材料中存储的能量越多。介电常数和介质损耗的数值，决定材料对微波的反射、吸收和传输的量。微波在材料内部由于极化，以热能形式损耗。

微波对导体和介质的作用是不同的，微波在导体表面上基本被全反射，利用金属全反射和导体表面介电常数反常，可以检测金属表面裂纹。在介电材料内，微波的传播会受到介电常数、损耗角的正切及工件形状、材料和尺寸的影响。若工件内含有非气泡类缺陷，其介电

常数不等于空气介电常数，也不等于材料的相对介电常数，而等于复合介电常数，即介于 ε_0 和 ε_r 之间。微波可以透过介质并且受介电常数、损耗角正切和材料形状、尺寸的影响，如有不连续处就会引起局部反射、透射、散射、腔体微扰等物理特性的改变。通过测量微波信号基本参数（如幅度衰减、相移量或频率等）的改变量来检测材料或工件内部缺陷和测定其他非电量，以此分析评价工件质量和结构的完整性。

微波物理特性中的腔体微扰是指谐振腔中遇到某些物体条件的微小变化，如腔内引入小体积的介质等，这些微小扰动将导致谐振腔某些参量（如谐振频率、品质因素等）相应的微小变化，称为"微扰"。根据"微扰"前后物理量的变化来计算腔体参量的改变，从而确定所测量厚度的变化及温度、线径、振动等数值。

采用测量材料和工件的复合介电常数来确定缺陷或非电量及其大小，是微波检测的物理基础。微波从表面透入到材料内部，功率随透入的距离以指数形式衰减。理论上把功率衰减到只有表面处的 $1/e^2 = 13.6\%$ 的深度，称为穿透深度。

（2）微波检测的特点

1）微波的波长短，频带宽，方向性好，贯穿介电材料的能力强。

2）微波检测属非接触检测，能快速、连续、实时地监测，不需耦合剂，避免了耦合剂对材料的污染。

3）微波检测可以进行最有效的无损扫描，提供精确的数据，使缺陷区域的大小和范围得以准确测定。

4）微波检测设备简单，费用低廉，易于操作，便于携带。

5）由于微波不能穿透金属和导电性能较好的复合材料，因而不能检测此类复合结构内部的缺陷，只能检测金属表面裂纹缺陷及表面粗糙度。

（3）微波检测的应用　微波检测作为常规无损检测方法的补充，适用于检测增强塑料、陶瓷、树脂、玻璃、橡胶、木材及各种复合材料等，也适于检测各种胶接结构和蜂窝结构件中的分层、脱粘、金属加工工件表面粗糙度、裂纹等。应用较多且比较成功的例子有：增强塑料、非金属的复合胶接结构与蜂窝结构件中的分层、脱胶；固体推进剂的老化；橡胶轮胎内部的气孔、裂纹；陶瓷及复合物中的气孔；非金属材料的振动、速度、加速度、同心度、湿度、密度、化学组分；金属加工表面粗糙度、裂纹、划痕及其深度；金属材料的厚度、位移、线径或长度、同心度、振动、速度、加速度、表面裂纹等。

练习与思考

1. 常见焊接冶金缺陷有哪些？

2. 焊接缺陷对焊接质量有什么影响？

3. 常用的焊接质量检测方法有哪几种？

4. 射线检测的原理、特点是什么？

5. 射线检测有哪些新技术？

6. 什么是压电效应？

7. 超声波检测的基本方法有哪些？

8. 超声波检测的特点有哪些？

9. 磁粉检测的原理、特点是什么？

10. 渗透检测的原理、特点是什么？

教学单元 8　焊接生产中的劳动保护与安全技术

【教学目标】
　　1）正确认识焊接生产中的危害。
　　2）熟悉焊接生产中的劳动保护与安全技术。

　　目前，焊接技术与现代工业同步飞速发展，促进了人类文明与进步。然而，在人们享受焊接带来巨大好处的同时，焊接生产中的烟尘、有毒废气、电磁干扰、噪声和辐射等危害因素也与焊接生产如影随形，直接威胁着焊接工作者的健康与安全。2000 年 12 月 25 日，洛阳东都商厦由电焊工违章作业引发的大火，造成 309 人死亡的惨剧；2010 年 11 月 15 日，上海市静安区胶州路一幢 28 层的教师公寓，在铺设保温板时，因焊接飞溅引燃保温板而发生重大火灾，42 人死亡。多少发生在国内外重大的焊接安全事例，都是前车之鉴。因此，广大焊工和其他生产人员深刻了解焊接生产中的劳动保护与安全技术，熟知在焊接过程中可能发生事故和职业病的原因，掌握消除工伤事故和职业危害的各项技术措施，显得十分重要。

　　我国对焊接操作人员的安全和健康一直非常重视。《中华人民共和国安全生产法》规定：对于电气、起重、焊接、锅炉、压力容器等特殊工种的工人，必须进行专门的安全操作技术培训。经过考试合格后，才准许操作。同时，《工厂安全卫生规程》、《气瓶安全监察规程》、《压力容器安全监察规程》等对焊接安全技术也有具体的规定。

8.1　焊接生产中的劳动保护

8.1.1　焊接用电安全

　　虽然焊接电弧的电压范围一般为 10~40V，但通常焊接电源的空载电压可高达 80V，以满足起弧时的电压需要。与 220V 相比，这一电压并不高。然而，如果在潮湿的场合或狭窄的金属物体空间里，80V 的电压足以引起致命的电击。尤其是在更换焊条时，焊工是靠手套的绝缘性能来避免较高空载电压的电击的，但当手套潮湿或焊工与金属导体表面接触时，原有的绝缘层就会失效，从而发生电击。

　　此外，在钨极氩弧焊焊接过程中，引弧方式一般采用高频振荡。高频持续的时间很短，大都为毫秒级，此时电流也很小，但电压很高，达数千伏。在一般情况下不会引起电击，但有时高频会积集在皮肤表面，如穿过手套的孔洞可导致小而深的烧伤。

　　1. 触电方式

　　在地面、登高或水下的焊接操作中，按照人体触及带电体的方式和电流通过人体的途径（图 8-1），触电可分为以下几种情况：

　　（1）低压单相触电　即人体在地面或其他接地导体上，人体的其他某一部位触及一相带电体的触电事故。大部分触电事故都是单相触电事故。

（2）低压两相触电　人体两处同时触及两相带电体的触电事故。这时由于人体受到的电压可能高达 220V 或 380V，所以危险性很大。

（3）跨步电压触电　当带电体接地有电流流入地下时，电流在接地点周围土壤中产生电压降，人在接地点周围，两脚之间出现的电压即是跨步电压。由此引起的触电事故称为跨步电压触电。高压故障接地处，或有大电流流过的接地装置附近，都可能出现较高的跨步电压。

（4）高压触电　指在 1000V 以上的高压电器设备上引起的触电。当人体过分接近带电体时，高压电能将空气击穿，使电流通过人体，此时还伴有高温电弧，能把人烧伤。

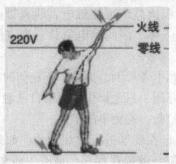

图 8-1　触电方式

2. 预防触电事故的一般措施

针对焊接发生触电事故的原因，预防焊接触电事故的一般安全措施可分为预防直接电击和预防间接电击两类。

1）为了防止在焊接操作中人体触及带电体的触电事故，可采取绝缘、屏护、间隔、自动断电和个人防护等安全措施。

绝缘不仅是保证焊接设备和线路正常工作的必要条件，也是防止触电事故的重要措施。橡胶、胶木、瓷、塑料、布等都是焊接设备和工具常用的绝缘材料。

屏护即采取遮拦、护罩、护盖、箱匣等，把带电体同外界隔绝开来。对于焊接设备、工具和配电线路的带电部分，如果不便包以绝缘体或绝缘体不足以保证安全时，可以采用屏护措施。例如，电焊机开关的可动部分一般不能包以绝缘，而需要屏护。屏护装置不直接与带电体接触，对所用材料的电性能没有严格要求，但应当有足够的机械强度和良好的耐火性能。有些焊机的屏护装置是用金属材料制成的（如开关箱等），为防止意外带电造成触电事故，金属的屏护装置应接地或接零线。

间隔是指为防止人体接触焊机、电线等带电体，避免车辆及其他器具碰撞带电体，防止火灾等，在带电体与地面之间、在设备与设备之间及带电体相互之间保持一定的安全距离。相应要求在焊接设备和焊接电缆布设等方面都有具体规定。

此外，电焊机的空载自动断电保护装置和加强个人防护等，也是防止人体触及带电体的重要安全措施。

2）为了防止在焊接操作中人体触及意外带电体而发生事故，一般可以采取保护接地或保护接零措施。

电焊机的线圈或绕组、引线绝缘如果损坏，焊机外壳会带电。为保证安全，焊机（或焊接设备）外壳必须接地。在三相三线制对地绝缘或单相电网系统中，应装设保护接地线；三相四线制中性点接地系统中，应装设保护性接零线。事故教训表明，由于不重视或为省事而不装接地（零）装置及不符合接地要求等，是造成焊接触电事故的主要原因之一。

3. 触电急救

触电者生命能否得救，取决于能否迅速脱离电源和救护措施是否得当。对于从事焊接作业的人员来说，有必要学习和培训应急救护技能。合理地运用抢救方法，就有可能把触电者从致命电击的死亡线上挽救过来。

触电急救的方法主要有：

（1）解脱电源　发生触电时，电击引起的肌肉痉挛可使触电者脱离带电体，但有时也会被"吸附"在带电体上，导致电流不断流过人体。因此触电急救首先应使触电者迅速解脱电源。

在帮助触电者尽快脱离电源时，还应防止触电者摔倒、摔伤。不论何时都不可直接用手或用可导电金属及潮湿的工具救护。救护时最好用一只手操作，以防自己触电。如果事故发生在夜里，应迅速解决临时照明问题，以利于抢救，避免事故扩大。

（2）救治方法　触电者脱离电源后，应尽量在现场进行对症救治。如果触电者未失去知觉，仅在触电过程中一度昏迷，则应保持安静，继续观察，并请医生前来诊治或送医院。如果触电者已失去知觉，伤势严重，呼吸或心跳还存在，应立即使触电者平卧，注意空气流通，并解开衣服以利呼吸。还可以用氨水摩擦触电者全身使之发热。若天气寒冷，还要注意保温，同时迅速请医生来救治。如果触电者呼吸困难，不时出现抽搐现象，应准备心脏停止跳动后或呼吸停止后立即用人工呼吸和胸外心脏按压的方法以恢复心脏跳动及呼吸功能。

同时，在急救中可视具体情况，适时调配药物治疗。

8.1.2　焊接电弧辐射的防护

焊接电弧是等离子体，由带电离子和中性粒子组成。电弧的温度很高，一般都在2000℃以上，个别特殊焊接电弧温度可达数万度。这些高温电弧可产生三种类型的辐射，即紫外、可见与红外（热）辐射，对焊工产生伤害的途径是：紫外光会灼伤皮肤，引起电光性眼炎；可见光使眼睛昏眩及视力损伤；红外光对皮肤和眼睛均有害。

针对焊接电弧辐射的防护措施主要为：

（1）在焊接作业区严禁直视电弧　操作者和辅助工都要有一定的防护措施，应佩戴有专业滤色玻璃的面罩或眼镜。面罩上的滤色玻璃即电焊护目镜片，应该根据不同的焊接方法及同一焊接方法不同的电流，母材种类及厚薄等条件的差异选择不同的编号。护目镜片的编号是按护目镜片颜色深浅程度而定的，由浅到深排列。目前电焊护目镜片的深浅色差共分7、8、9、10、11、12 号数种，浅色为小号，深色为大号。

（2）施焊时焊工应穿着标准规定的防护服　施焊时焊工应穿着焊工专用的工作服和鞋。工作服应是白色的，可以防止光线直接照射到皮肤及防止飞溅物落到身上。

（3）施焊场地应用围屏或挡板与周围隔离　为保护焊接工地其他人员，一般在小件焊接的固定场所，主要的防护措施是设置围屏和挡板，如图 8-2 所示。围屏或挡板的材料最好为耐火材料，如石棉板、玻璃纤维布、铁板等，并涂以深色，其高度约 1800mm，屏底距地面留 250~300mm，以供空气流通。

当周围有其他人员时，焊工有责任提醒他们注意避开，以免弧光伤眼。周围工作人员应佩戴一般防护眼镜。

（4）注意眼睛适当休息　焊接时间较长时，应注意中间休息。如果已经出现电光性眼炎症状，应及时治疗。焊工在实践中创造了许多简易可行的治疗办法，如滴入人奶汁，或用黄瓜片覆盖眼睛，都可以收到较好的疗效。

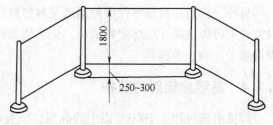

图 8-2　电弧弧光防护屏

（5）施焊场地必须有较强的照明　一方面，便于焊接操作；另一方面，可以减轻弧光对眼睛的刺激。

8.1.3　焊接粉尘和有害气体的防护

焊接电弧的高温将使金属产生剧烈的蒸发，使得焊条和母材金属在焊接时会产生各种金属烟气，形成金属有毒气体；同时，它们在空气中凝结、氧化形成粉尘。在高温电弧的作用下，空气中的氧气和氮气会形成臭氧和氮氧化物等有毒气体，严重危害焊工的身体健康。因此应注意以下几方面：

1）焊接场地全面通风。在专门的焊接车间或焊接工作量大、焊机集中的工作地点，应考虑全面机械通风，可集中安装数台轴流式风机向外排风，使车间经常更换新鲜空气。

2）焊接场地局部通风。局部通风分为送风和排气两种。局部送风只是暂时地将焊接区域附近作业带的有害物质吹走。虽然对作业地带的空气起到了一定的稀释作用，但可能污染整个车间，起不到排除粉尘和有毒气体的目的。

局部排气是目前采取的通风措施中使用效果良好、方便灵活、设备费用较少的有效措施。局部排气通常是在焊枪附近安装小型通风机械，如排烟罩、排烟焊枪、强力小风机和压缩空气引射器等，这样可以将粉尘和有毒气体排出车间以外。

3）在封闭容器或仓室里应注意通风。在封闭容器或仓室里焊接时，最好上下都有通风口，使空气对流良好，除了使用排气机外，必要时可用通风管把新鲜空气送到焊工身边。但是，严禁送入纯氧气，防止发生燃烧。在特殊情况下，可使用焊工用的可换气防护头盔。

4）充分利用自然通风。焊接车间必须有一定的面积、空间和高度，若能正确地调节侧窗和天窗，就可以形成良好的通风。能在露天焊接的工件，尽量在露天焊接。一般情况下，只要保证焊接场所的自然通风，适当采用通风装置，焊工操作时在上风口，就能起到防毒、防尘的作用。

5）合理组织、调度焊接作业。注意避免焊接作业区过于拥挤，造成粉尘和有毒气体的聚集，以免形成更大的危害。

6）注意个人防护用品。当采用通风除尘措施不能使烟尘浓度降到卫生标准以下或无法采用局部通风措施时，应采用送风呼吸器面具，也可以使用防尘口罩和防毒面具，以过滤粉尘中的金属氧化物及有毒气体。图 8-3 所示为国产自吸过滤式防尘口罩。

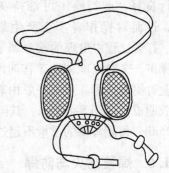

图 8-3　国产自吸过滤式防尘口罩

7）积极采用焊接新工艺、新技术，扩大自动焊和半自动焊的使用范围。

8）加强研制和推广使用低尘、低毒焊条。

另外，目前在机械零件中使用的某些塑料制品，受热后会分解产生有毒气体。因此，在对零件进行焊接前，应将塑料清除。无法清除时，应该使用专用防毒工具，同时应保证排放焊接烟尘，防止中毒。

8.1.4　高温热辐射的防护

焊接电弧可产生3000℃以上的高温，而且电弧产生的强光和红外线还会造成对焊工的强烈热辐射。红外线虽然不能直接加热空气，但在被物体吸收后，辐射能转变成热能，使物体成为二次辐射热源。因此，焊接电弧是高温强辐射的热源，尤其夏天，必须采取措施防暑降温。

焊接工作场所加强机械通风或自然通风，是防暑降温的重要技术措施，尤其是在锅炉等容器或狭小的舱间进行焊割时，应向容器或舱间送风和排气，加强通风。

在夏天炎热季节，为补充人体内的水分，给焊工供给一定量的含盐清凉饮料，也是防暑降温的保健措施。

8.1.5　噪声

在焊接生产现场会出现不同的噪声源，如对坡口的打磨、装配时的锤击、焊缝修整、等离子切割等。在生产现场，操作人员在噪声为90dB的环境中工作8h，就会对听觉和神经系统有害。一般情况下，当噪声超过允许值5～20dB时，就会对焊工产生有害影响。手工打磨的噪声达108dB。

在高噪声环境中工作，短期会产生听觉疲劳；当长期在高噪声环境中工作时，由于持续不断地受到噪声的刺激，日积月累，听觉疲劳会发展成噪声性耳聋，即职业性听力损失。噪声还可引起多种疾病，如心神不宁、心情紧张、心跳加快和血压增高等。长期在噪声环境下工作，对神经功能也会造成障碍，噪声可影响大脑皮层兴奋和抑制的平衡，从而导致条件反射的异常。有的人会引起顽固性头痛、神经衰弱和脑神经机能不全等，症状表现与周围的噪声强度有很大关系。

焊接设备产生的噪声属于可避免噪声，只要对设备进行定期检修，保证设备运行良好，此类噪声可维持在可控范围内，进而对操作者不会产生影响。而锤击、打磨过程中出现的噪声属于不可避免的噪声，这时只能调整工作时间，或焊工作业时使用耳塞。耳塞一般由软塑料和软橡胶制成，如图8-4所示，其隔声值为15

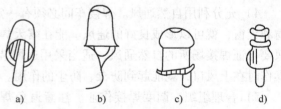

图8-4　焊接用耳塞

a) 伞形　b) 提篮形　c) 蘑菇形　d) 圆锥形

～25dB，每副耳塞的质量不超过2g。同时，注意让焊工适当地休息，避免产生累计损伤。

8.1.6　焊接防火与防爆

火灾和爆炸是焊接操作中较容易发生的事故，特别是在燃料容器（如油罐、气柜）与管道的检修焊补、气焊与气割以及登高焊割等作业中，火灾和爆炸是主要的危险。

1. 防火原则的基本要求

1）严格控制火源。

2）监视酝酿期特征。

3）采用耐火建筑。

4）阻止火焰的蔓延。

5）限制火灾可能发展的规模。

6）组织训练消防队伍。

7）配备相应的消防器材。

2. 防爆原则的基本要求

1）防止爆炸性混合物的形成。

2）严格控制着火源。

3）燃爆开始时及时泄出压力。

4）切断爆炸传播途径。

5）减弱爆炸压力和冲击波对人员、设备和建筑的损坏。

8.2　焊接生产中的安全技术

安全技术措施，是指企业为了防止工伤事故和职业病的危害，保护职工生命安全和身体健康，促进施工生产任务顺利完成，从技术上采取的措施。通常，在编制的施工组织设计或施工方案中，应针对工程特点、施工方法、使用的机械、动力设备及现场环境等具体条件，制订相应安全技术措施以及确定各种设备、设施所采取的安全技术装置。安全技术措施是改善生产工艺，改进生产设备，控制生产因素不安全状态，预防与消除危险因素对人体产生伤害的科学武器和有力手段。

1. 根除和限制危险因素

根除和限制生产工艺过程或设备中的危险因素，就可以实现安全生产。可以通过选择恰当的焊接结构设计方案、工艺过程、合适的原材料来彻底消除危险因素。例如，道路采用立体交叉，防止撞车；去除物品的毛刺、尖角或粗糙、破裂的表面，防止割、擦、刺伤工作人员等；采取通风措施，限制可燃性气体浓度，使其达不到爆炸极限等。

2. 隔离

隔离是最常用的安全技术措施。一旦判明有危险因素存在，就应该设法把它隔离起来。预防事故发生的隔离措施包括分离和屏蔽两种。前者是指空间上的分离，后者是指应用物理屏蔽措施进行的隔离，它比空间上的分离更可靠，因而最为常见。如射线检测，宜在采取物理隔离技术（铅房）的室内进行；而大型构件需在生产现场开展射线检测时，则必须设立隔离区，杜绝非操作人员进入。

3. 为设备进行故障-安全设计

在系统、设备的一部分发生故障或破坏的情况下，在一定时间内也能保证设备安全运行的安全技术措施称为故障-安全设计。一般来说，通过精心的技术设计，可使得系统、设备发生故障时处于低能量状态，防止能量意外释放。例如，设备电气系统中的熔断器就是典型的故障-安全设计。当系统过负荷时熔断器熔断，通过将电路断开而保证安全；又如，使用压力机进行大批型钢的冲剪下料时，工人操纵压力机，每班喂料近万次，一旦某次操作失误，就会损伤工人的手，而在压力机上设计装有光电感应等安全装置，当工人的手进入危险区时，压力机自动断电停机，就能防止事故的发生。

4. 减少设备故障及失误

机械、设备故障在事故致因中占有重要位置。虽然利用故障-安全设计可以使得即使发生故障时也不至引起事故，但是，故障却使设备、系统或生产停顿或降低效率。另外，若故障-安全设计机构本身发生故障，则会使其失去效用而不能预防事故发生。因此，应努力使故障最少。一般来说，减少故障可以通过三条途径实现：采用安全监控系统、增大安全系数及增加可靠性。

5. 警告

警告是生产中最常用的安全技术措施。在生产操作过程中，操作人员需要经常注意到危险因素的存在，以引起注意，提高安全意识。警告是提醒人们注意的主要方法。通过警告提醒，把人的各种感官注意到的各种信息传达到大脑，来强化安全意识，避免安全事故。根据所利用感官的不同，警告分为视觉警告、听觉警告、气味警告、触觉警告及味觉警告。

(1) 视觉警告　由于眼睛是人们感知外界的主要器官，所以视觉警告是应用最广泛的警告方式。视觉警告的种类很多，常用的有下面几种：

1) 亮度。让有危险因素的地方比没有危险因素的地方更明亮，以使注意力集中在有危险的地方。明亮的变化可表明那里有危险；障碍物上的灯光可防止行人、车辆撞到障碍物上。

2) 颜色。明亮、鲜艳的颜色很容易引起人们的注意。设备、车辆、建筑物等涂上黄色或橘黄色，很容易与周围环境相区别。在有危险的生产区域，以特殊的颜色与其他区域相区别，可以防止人员误入。有毒、有害、可燃、腐蚀性的气体、液体管路应按规定涂上特殊的颜色。国家标准规定，红、蓝、黄、绿四种颜色为安全色。

3) 信号灯。信号灯经常用来表示一定的意义，也用来提醒人们危险的存在。一般地，信号灯颜色含义如下：

①红色。表示有危险，发生了故障或失误，应立即停止。

②黄色。表示危险即将出现，达到了临界状态，应该注意缓慢进行。

③绿色。表示安全，现在是满意的状态。

④白色。表示状态正常。

信号灯可以利用固定灯光或闪烁灯光。闪烁灯光较固定灯光更能吸引人们的注意，警告的效果更好。反射光也可用于警告。在障碍物或构筑物上安装反光的标志，夜晚被灯光照射反光而引起人们的注意。

4) 旗帜。利用旗帜做警告已经有很长的历史了。可以把旗固定在旗杆上或绳子上、电缆上等。如检测作业时，在隔离栏挂上红旗以防止人员进入。在开关上挂上小旗，表示正在修理或因其他原因不能合上开关。

5) 标记。在设备上或有危险的地方可以贴上标记以示警告。如指出高压危险、功率限制、重负荷、高速度或温度限制等；提醒人们有危险因素的存在或需要穿戴防护用品等。

6）标志。利用事先规定了含义的符号标志警告危险因素的存在，或应采取的措施。如防火标志、道路急转弯标志、交叉道口标志等。

国家标准规定，安全标志分为禁止标志、警告标志、指令标志及说明标志四类。

7）书面警告。在操作过程、维修规程、各种指令、说明手册及检查表中写明警告及注意事项，警告人们存在的危险因素，特别需要注意的事项及应采取的行动，如应配备的劳动保护器具等。若一旦发生事故可能造成伤害或破坏，则应该把一些预防性的注意事项写在前面显眼的地方，以便引起人们的注意。

（2）听觉警告　在有些情况下，只有视觉警告不足以引起人们的注意。例如，当人们非常繁忙时，即使视觉警告离得很近也顾不上看，或者人们可能走到看不见视觉警告的地方去工作等。尽管有时明亮的视觉信号可以在远处就被发现，但是，设计在听觉范围内的听觉警告更能唤起人们的注意。如吊车起动时，操作人员会按响电铃，提醒其他工作人员注意避让。

（3）气味警告　可以利用一些带特殊气味的气体进行警告。气体可以在空气中迅速传播，特别是有风的时候，可以传播很远。由于人对气味能迅速地产生退敏作用，所以用气味做警告有时间方面的限制。只有在没有产生退敏作用之前的较短期间内才可以利用气味做警告。

必须注意，吸烟会降低对气味的敏感度。因此，工作场所应当禁止吸烟。

（4）触觉警告　振动是一种主要的触觉警告。交通设施中就广泛采用振动警告的方式。突起的路标使汽车振动，即使瞌睡的驾驶人也会惊醒，从而避免危险。温度是触觉警告的另一种方式，当接触到较高温度时，人会本能地迅速脱离。

6. 使用安全标牌

（1）在相关的场所设置安全标志

1）在配电室、开关等场所设置"当心触电"。

2）在易发生机械卷入、轧压、碾压、剪切等伤害的机械作业车间，设置"当心机械伤人"。

3）在易造成手部伤害的机械加工车间，设置"当心伤手"。

4）在有尖角散料等易造成脚部伤害的车间，设置"当心扎脚"。

（2）在需要采取防护的相关车间门口设置强制采用防范措施的图形标志

1）在易发生飞溅的车间，如焊接、切割、机加工等车间，设置"必须戴防护眼镜"。

2）在噪声超过 85dB 的车间，设置"必须戴护耳器"。

3）在易伤害手部的作业场所（如易割伤手的机械加工车间）、易发生触电危险的作业点等，设置"必须戴防护手套"。

4）在易造成脚部砸（刺）伤的车间，设置"必须穿防护鞋"。

（3）用警示条纹带区分不同的工作场所

1）重要的或危险的生产加工区可用红黄斑马带圈定，并在显著位置加贴"危险"警示标识，以示说明。

2）一般的工作区或临时仓储区等，可用黄黑斑马带圈定，加贴"警告"标识。

3）其他区域，如安全通道、OFFICE 等区域的警示标识可加贴"注意""小心"等标识，以示说明。

（4）逃生路线及应急设备

1）用圆点和箭头标出逃生路线的方向，以最近的"出口"为准。

2）用标贴贴于有棱角、坡度、扶手和把手等位置，以显出层次感。

3）所有"出口"都应在显著位置加贴"出口"标识（有要求的可安装应急灯或采用荧光标识）。

4）在配电房、空压房等设备室房门上加贴"不准进入"和其他警示标识，以示说明。

5）在所有应急设备旁，如"119"、"消火栓"、"洗眼站"等，加贴说明标识。

（5）管道标志　在各种管道上加贴标签，标明层次、管道中的介质及流向。

（6）安全标牌（标志）的用色标准　明确统一的标牌是保证用电安全的一项重要举措。标志分为颜色标志和图形标志。颜色标志常用来区分各种不同性质、不同用途的导线，或用来表示某处的安全程度。图形标志一般用来告诫人们不要去接近有危险的场所。我国安全色采用的标准，基本上与国际标准草案（ISD）相同，一般采用的安全色有以下几种：

1）红色。用来标志禁止、停止和消防，如信号灯、信号旗、机器上的紧急停机按钮等都用红色来表示"禁止"的信息。

2）黄色。用来标志注意危险，如"当心触电"、"注意安全"等。

3）绿色。用来标志安全无事，如"在此工作"、"已接地"等。

4）蓝色。用来标志强制执行，如"必须戴安全帽"等。

5）黑色。用来标志图像、文字符合和警告标志的几何图形。

按照规定，为便于识别，防止误操作，确保运行和检修人员的安全，采用不同颜色来区别设备特征。如电气母线，A 相为黄色，B 相为绿色，C 相为红色，明敷的接地线涂为黑色。在二次系统中，交流电压回路用黄色，交流电流回路用绿色，信号和警告回路用白色。图 8-5～图 8-30 列举了一些常见的安全标示。

图 8-5　禁止烟火　　　　图 8-6　禁止带火种　　　　图 8-7　禁止用手灭火

图 8-8　禁止放易燃物　　　　图 8-9　禁止触摸　　　　图 8-10　禁止戴手套

图 8-11 禁止停留

图 8-12 禁止合闸

图 8-13 禁止转动

图 8-14 禁止抛物

图 8-15 禁止入内

图 8-16 禁止堆放

图 8-17 当心触电

图 8-18 当心伤手

图 8-19 当心落物

图 8-20 当心爆炸

图 8-21 注意安全

图 8-22 当心火灾

图 8-23 必须戴防护帽

图 8-24 必须戴安全帽

图 8-25 必须戴防护镜

图 8-26 必须戴防护手套

图 8-27 必须戴耳机

图 8-28 必须戴防尘口罩

图 8-29　紧急出口

图 8-30　避险处

"安全第一，预防为主"是我国安全生产工作的基本方针。企业员工必须从"要我安全"向"我要安全"意识转变，严格按操作规程进行操作，坚决杜绝违章作业，坚持安全生产，预防为主，对出现的安全事故坚决做到"4个不放过"，即事故发生的原因未查清不能放过；事故的责任者没有严肃处理不能放过；广大职工没有受到教育不能放过；防范措施没有落实不能放过。为了社会的安定，为了企业的发展，为了家庭的幸福，为了操作者个人的平安，每一位从业人员都应该注重劳动保护和安全生产。

练习与思考

1. 影响焊接从业人员安全的因素有哪些？
2. 焊接从业人员自身怎么把安全做到防患于未然？
3. 对出现的安全事故应坚持什么原则？

教学单元9 专业学习指南

【教学目标】
1）了解焊接专业的培养目标与规格要求。
2）了解焊接专业的课程体系。
3）了解焊接专业的就业岗位群。
4）了解焊接专业相关职业资格取证要求。

9.1 培养目标与规格要求

9.1.1 培养目标

目前，企业不仅需要具有一定研究和设计能力的本科院校的材料成型及控制专业学生，同时也非常需要具有从事焊接专业领域实际工作的专业素质与专业技能，具备较快适应焊接生产、建设、管理、服务第一线岗位需要的实际工作能力的，德、智、体、美等方面全面发展的高素质技能型专门人才。在市场经济体制下，企业在用人观念和机制上发生了很大变化，尤其是私企和一些中小企业，完全摒弃了过去那种"实习"→"培养"→"使用"的用人程序和观念，而转变为"聘之能用"、"即聘即用"的新观念。学生的培养需要以市场为导向，以企业对人才的需求标准为基本出发点和最终落脚点，注重素质和能力培养，紧贴社会需求，缩短适应期，培养出具有上手快、能力强等特点的焊接专业技术人才。

高职高专焊接专业主要培养热爱社会主义祖国，拥护党的基本路线；具有必备的基础理论知识和专门知识；掌握从事焊接专业领域实际工作的专业素质与专业技能，具备较快适应焊接生产、建设、管理、服务第一线岗位需要的实际工作能力的，德、智、体、美等方面全面发展的高素质技能型专门人才。毕业生不仅具有良好的政治素养和道德品质，而且具有较强的事业心、责任感和开拓创新意识，并且能在工作中切实体现"上手快、能力强"的特点。

9.1.2 对学生的规格要求

1. 本专业学生须取得下列职业资格（或技能）证之一
1）中、高级机械焊工。
2）中、高级焊工。
3）中、高级机械制图员（CAD）。

2. 本专业学生须具备以下职业岗位能力
1）具备焊接工艺编制与评定的能力。
2）具备焊接设备选型、操作、维护的能力。
3）具备焊接检验能力。

4）具备焊接生产组织、管理的能力。

5）具备英语沟通、业务沟通能力。

3. 本专业学生须具备以下职业素质

1）合格的政治素养。

2）合格的身体素质。

3）办公自动化软件操作。

4）信息技术认知。

9.2　专业课程体系

9.2.1　专业所需相关课程模块

1. 公共基础模块

思想道德修养与法律基础，毛泽东思想和中国特色社会主义理论体系概论，英语，体育，高等数学，线性代数，计算机文化基础，现代企业管理等。

2. 职业基础模块

机械制图，机械设计，互换性与技术测量，电工技术基础与工程应用，金属学及热处理，金属工艺学，焊接导论等。

3. 职业技术模块

熔焊原理及金属材料焊接，焊接方法与设备，弧焊电源，焊接结构制造等。

4. 职业技能模块

焊接 CAD，电焊机的维护，焊接生产组织管理，计算机绘图等。

5. 职业拓展模块

焊接技术标准，热加工专业英语，焊接自动化，电气控制与 PLC，就业指导，创新创业教育等。

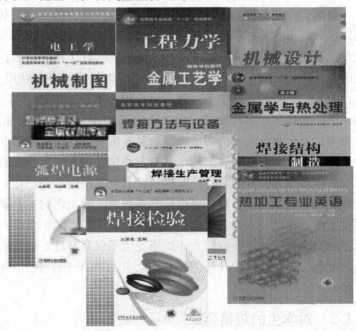

图 9-1　专业所需开设的部分课程

图 9-1 列举了焊接专业所需开设的部分课程。

9.2.2　专业所需相关实践教学环节

焊接专业所需开设的相关实践环节有：金工实习，制图测绘，电工、电子实习，焊接技能训练，焊接设备使用和维护实训，金属材料焊接方法实训，焊接检验实训，焊接结构设计实训，生产实习，毕业设计，顶岗实习。

9.3　就业岗位群

　　焊接专业毕业生的就业主要面向机械、电子、车辆、桥梁、起重机、石油化工、造船、容器、火电、煤矿机械、管道铺设施工等领域。部分就业岗位如图 9-2 ~ 图 9-7 所示。

图 9-2　焊接工艺编制、实施、修订

图 9-3　焊接结构设计

图 9-4　焊接生产的组织、实施、管理

图 9-5　焊接操作

图 9-6　焊接检验

部分就业岗位群如下：

1）从事机械行业焊接工艺的编制、实施与评定等岗位。

2）从事焊接设备的选型、使用和维护等工作。

3）从事焊接生产的组织、管理及焊接操作等工作。

4）从事焊接检测、产品质量控制等工作。

5）从事焊接设备、焊接材料和焊接结构件生产、销售等工作。

6）从事焊接车间管理及外协等工作。

7）从事焊接项目的运营、企业管理等工作。

图 9-7　焊接设备选型

9.4　职业资格取证

9.4.1　焊工资格取证

焊工资格取证考试内容包括基本知识和焊接操作技能两部分。基本知识考试内容应与焊工所从事焊接工作的范围相适应，焊接操作技能考试分为手工焊焊工和焊机操作工考试。焊工基本知识考试合格后才能参加焊接操作技能的考试。焊工基本知识考试合格有效期为 6 个月。

尽管焊接技术是没有分别的，但对于不同的行业来说，对焊接的要求不一样，所以焊工考试的重点就有些差别。下面介绍两类常见焊工的考试内容及考试方法。

1. 锅炉压力容器、压力管道焊工资格取证

1）考试资格。在焊工考试时，属下列情况之一的，需进行相应基本知识考试：

①首次申请考试。

②改变焊接方法。

③改变母材种类（如钢、铝、钛等）。

④基本知识考试有效期内，未进行焊接操作技能考试的。

2）焊工基本知识考试包括以下内容。

①焊接安全知识和规定。

②锅炉压力容器和压力管道的基本知识。

③金属材料的分类、牌号、化学成分、力学性能、焊接特点和焊后热处理。

④焊接材料（焊条、焊丝、焊剂和气体等）的类型、型号、牌号、使用与保管。

⑤焊接设备、工具和测量仪表的种类、名称、使用和维护。

⑥常用焊接方法的特点、焊接参数、焊接顺序、操作方法及其对焊接质量的影响。

⑦焊缝形式、接头形式、坡口形式、焊缝符号及图样识别。

⑧焊接接头的性能及其影响因素。

⑨焊接缺陷的产生原因、危害、预防方法和返修。

⑩焊缝外观检验方法和要求，无损检测方法的特点、适用范围、级别、标志和缺陷识

别。

⑪焊接应力和变形的产生原因和防止方法。

⑫焊接质量管理体系、规章制度、工艺文件、工艺纪律。焊接工艺评定、焊工考试和管理规则基本知识。

3）焊接操作技能部分。焊接操作技能考试从焊接方法、试件材料、焊接材料及试件形式等方面进行考核。焊接操作技能考试的具体要求如下：

①手工焊焊工的所有考试试件，第一层焊缝中至少应有一个停弧再焊接头；焊机操作工考试时，中间不得停弧。

②采用不带衬垫试件进行焊接操作技能考试时，必须从单面焊接。

③机械化焊接考试时，允许加引弧板和引出板。

④第Ⅰ类钢号的试件，除管材对接焊缝试件和管板角接头试件的第一道焊缝在换焊条时允许修磨接头部位外，其他焊道不允许修磨和返修；第Ⅱ～Ⅳ类钢号试件除第一层和中间层焊道在换焊条时允许修磨接头部位外，其他焊道不允许修磨和返修。

⑤焊接操作技能考试时，试件的焊接位置不得改变。管材对接焊缝和管板角接头成45°固定试件，管轴线与水平面间的夹角应为45°±5°。

⑥水平固定试件和45°固定试件，应在试件上标注焊接位置的钟点标记。定位焊缝不得在"6点"标记处；焊工在进行管材向下立焊试件操作技能考试时，应严格按照钟点标记固定试件位置，且只能从"12点"标记处起弧，"6点"标记处收弧，其他操作应符合本条相关要求。

⑦手工焊焊工考试，板材试件厚度 >10mm 时，不允许用焊接夹具或其他办法将板材试件刚性固定，但是允许试件在定位焊时预留反变形量；板厚≤10mm 的板材试件，允许刚性固定。

⑧焊工应按评定合格的焊接工艺规程焊接试件。

⑨考试用试件的坡口表面及两侧必须清除干净；焊条和焊剂必须按规定要求烘干，焊丝必须去除油、锈。

⑩焊接技能操作考试前，由焊工考委会负责编制焊工考试代号，并在焊工考委会成员、监考人员与焊工共同在场确认的情况下，在试件上标注焊工考试代号和考试项目代号。

⑪试件数量应符合要求，且不得从多焊试件中挑选。

4）焊接操作技能考试合格的焊工，当试件钢号或焊材变化时，属下列情况之一的，不需重新进行焊接操作技能考试：

①手工焊焊工采用某类别钢号经焊接操作技能考试合格后，焊接该类别其他钢号时。

②手工焊焊工采用某类别任一钢号，经焊接操作技能考试合格后，焊接该类别钢号与类别代号较低钢号所组成的异种钢号焊接接头时。

③除第Ⅳ类钢号外，手工焊焊工采用某类别任一钢号，经焊接操作技能考试合格后，焊接较低类别钢号时。

④焊机操作工采用某类别任一钢号，经焊接操作技能考试合格后，焊接其他类别钢号时。

⑤变更焊丝钢号（或型号）、药芯焊丝类型、焊剂型号、保护气体种类和钨极种类时。

5）经焊接操作技能考试合格的焊工，属下列情况之一的，需重新进行焊接操作技能考试：

①改变焊接方法。

②在同一种焊接方法中，手工焊考试合格，从事焊机操作工作时。

③在同一种焊接方法中，焊机操作考试合格，从事手工焊工作时。

④规定的焊接要素（代号之一）改变时。

⑤焊件焊接位置超出规定的适用范围时。

6）焊接操作技能考试可以由一名焊工在同一个试件上采用一种焊接方法进行，也可以由一名焊工在同一个试件上采用不同焊接方法进行组合考试，或由两名（或以上）焊工在同一个试件上采用相同或不同焊接方法进行组合考试。由三名（含三名）以上焊工的组合考试试件，厚度不得小于20mm。

7）焊工基本知识考试满分为100分，不低于70分为合格。焊工焊接操作技能考试通过检验试件进行评定。各考试项目的试件按本章规定的检验项目进行检验，各项检验均合格时，该考试项目为合格。

由两名（或以上）焊工进行的组合考试，如某项不合格，在能够确认该项施焊焊工时，则该焊工考试不合格，如不能确认该项施焊焊工的，则参与该组合考试的焊工均不合格；其他组合考试，有任一项目不合格，则组合考试项目不合格。

8）经基本知识考试和焊接操作技能考试合格的焊工，由焊工考委会将《焊工考试基本情况表》和《焊工焊接操作技能考试检验记录表》报考委会所在地的地（市）级安全监察机构，经审核后签发焊工合格证。

9）持证焊工应按本规则规定，承担与考试合格项目相应的锅炉、压力容器和压力管道的焊接工作。

10）焊工合格证（合格项目）有效期为3年，在合格项目有效期满前3个月，继续担任焊接工作的焊工，应向所属焊工考委会提出申请，由该考委会安排焊工考试或免考等事宜。

有效期内的焊工合格证，在各地同等有效。

11）取得焊工合格证的焊工，其首次取得的合格项目，在第一次有效期满后，应全部重新考试；第二次及以后焊工合格证有效期满后，对已建立焊工焊接档案，且内容齐全、真实的，可由负责管理焊工档案的考委会，根据焊工焊绩等情况，向发证的安全监察机构提出免考申请，经该机构批准后，办理相关手续。

中断受监察设备焊接工作六个月以上的，再从事受监察设备焊接工作时，也必须重新考试。

年龄超过50岁的焊工，焊工合格项目有效期满后，如继续从事受监察设备的焊接工作，须重新考试，一般不得免考。

12）持证焊工的实际焊接操作技能不能满足产品焊接质量要求，或者违反工艺纪律以致发生重大焊接质量事故或经常出现焊接质量问题时，锅炉压力容器安全监察机构可暂扣其焊工合格证或提请发证机构吊销其焊工合格证。被吊销焊工合格证者，一年后方可提出焊工考试申请。

2. 船体结构焊工资格取证

（1）考试资格　按照 CB 1357—2001《潜艇船体结构焊工考试规则》的规定，手工电弧焊焊工按其参加船体结构焊接的范围分为Ⅰ类焊工、Ⅱ类焊工、Ⅲ类焊工，以及定位焊焊工，见表9-1。

表 9-1 手工电弧焊焊工分类及工作范围

焊工类别	使用焊条	使用钢材	实施工作范围
Ⅰ	低碳钢和低合金钢焊条	921A、907A（或902）	耐压结构平焊、非耐压结构的全位置焊接（包括耐压体与非耐压体的连接焊）
定位焊焊工			包括耐压体与非耐压体的定位焊
Ⅱ	低合金钢焊条奥氏体钢焊条	980、921A	耐压结构平焊、立焊、横焊位置焊接，非耐压结构的全位置焊接
Ⅲ		980、921A	耐压结构及非耐压结构的全位置焊接

注：取得奥氏体钢焊条焊接资格者，也能从事潜艇船体结构的异种钢相应位置的焊接。

1）具备下列条件之一者，经考试委员会审查同意，方可参加考试。

①持有技校焊接专业毕业证书，现从事焊接工作者。

②能独立担任焊接工作，具有熟练操作技能，现仍在焊接工作岗位上者。

③经过基本知识和操作技能培训的优秀学徒工。

2）从事定位焊工作的人员，经培训后具有一定操作技能者，可参加定位焊焊工考试。

3）焊工可根据自己从事的实际工作范围及操作熟练程度，申请本规则中相应类别的考试。

（2）考试内容和方法　考试内容分基本知识和操作技能两种。焊工应先进行基本知识考试，在取得基本知识考试合格后，才能参加操作技能考试。

1）基本知识考试范围如下

①船舶及海上平台焊接的特点。

②常用弧焊设备及工具的使用与保养。

③电弧焊的焊接工艺与操作技术。

④船舶及海上平台结构用钢的基本知识和焊接特点。

⑤焊接材料（焊条、焊丝、焊剂和保护气体等）的有关知识及其合理使用与保管。

⑥焊接应力与变形及其影响因素和预防措施。

⑦船体和海上平台结构的焊接工艺。

⑧焊接缺陷及其检验方法。

⑨焊接安全知识。

⑩船体焊缝代号及其标注方法。

2）操作技能考试内容

①Ⅰ类手工焊焊工。平焊对接试件一副。立焊、横焊及仰焊对接试件各一副。角接试件两副，一副为焊透的平焊，另一副为非焊透的仰焊。

②Ⅱ类手工焊焊工。立焊和横焊对接试件各一副，焊透的立角焊接试件一副。从事用奥氏体钢焊条焊接的焊工，增加用奥氏体钢焊条焊接的对接试件一副（一面平焊，一面立焊）。

③Ⅲ类手工焊焊工。立焊、仰焊对接双面焊试件各一副，焊透的立角焊件一副。从事用

奥氏体钢焊条焊接的焊工，增加用奥氏体钢焊条焊接的对接试件一副（一面平焊，一面仰焊）。

④埋弧自动焊焊工。按板厚分为两组，接头形式为对接。

⑤气体保护自动焊焊工。接头形式为对接，板厚为 16～22mm。

⑥埋弧半自动焊焊工。焊接角接试件两副，一副为单道焊，另一副为多道焊。

⑦气体保护半自动焊焊工。焊接平角焊或立角焊试件一副。对接试板平焊、立焊和横焊各一副，试板厚度根据产品的要求确定。

⑧自动焊或半自动焊焊工，应增考手工焊平焊对接试件一副，使用相应的板材和配套的手工焊条。

（3）检查项目　完成的焊件应经过焊缝外观、焊缝内部、角焊缝断口、弯曲试验等项目的检验，并根据有关规定进行评定。

（4）复试和重新考试

1）在每一考试科目中，有一个试样不合格，可允许在原试件上双倍取样进行复试。复试的结果全部合格，则该科目为合格。

2）在每一考试科目中，有两个试样不合格，则该科目为不合格，且不允许复试。

3）不合格的考试科目，允许在一个月内进行一次该科目的补考。补考的全部试样合格才算该科目合格。

4）焊工在考试中只有部分科目不合格，经补考仍不合格者，仅可承认其考试合格的科目，并发给相应的合格证书，在实际工作中只允许从事考试合格科目的焊接工作。

5）焊工考试科目全部不合格，应在一个月后重新考试。

6）凡试件由于加工不当，或存在非焊接原因造成的缺陷时，则该试件作废，并重新焊接。

（5）有效期限

1）Ⅰ、Ⅱ、Ⅲ（Ⅰp、Ⅱp、Ⅲp）类焊工的合格证书有效期自发证之日起为三年；自动焊焊工、定位焊焊工的合格证书长期有效。

2）焊工在有效期满之前，应重新进行考试。经考试合格，再取得有效期三年。

3）焊工在有效期内，焊接质量一贯优良，经考试委员会审定，并经驻厂军事代表机构认可，可予免试并延长有效期三年。

4）焊工考试合格后，如连续六个月未从事焊接工作，应重新考试。

9.4.2　特种设备无损检测人员资格取证

根据《特种设备安全监察条例》的有关规定，无损检测方法包括：射线（RT）、超声波（UT）、磁粉（MT）、渗透（PT）、电磁（ET）、声发射（AE）、热像/红外（TIR）。

特种设备无损检测人员（以下简称无损检测人员）的级别分为：Ⅰ级（初级）、Ⅱ级（中级）、Ⅲ级（高级）。

1. 考试资格

初试申请的人员应当同时满足以下条件：

1）年龄在 18 周岁以上，60 周岁以下，身体健康。

2）双眼矫正视力和颜色分辨能力满足所申请无损检测工作的要求。

3）报考 I 级应当具有初中（含）以上学历；报考 II 级应当具有高中（含）以上学历，持无损检测专业大专（含）以上或理工科本科（含）以上学历可直接报考 II 级。报考 III 级，应当至少持有两个 II 级项（除 TIR 外，报考 RT 或 UT 项，II 级证中应当含有 MT 或 PT 项；报考 MT、PT、ET、AE 项，II 级证中应当含有 RT 或 UT 项）。申报不同级别的学历和持低一级别证的时间，应当满足表 9-2 的要求。

表 9-2　不同级别的学历和持低一级别证的最短时间

低一级别持证时间　　学历　　　报考级别	无损检测专业大专（含）以上	理工科本科（含）以上	其他大专（含）以上	中专、高中、职高（机电类）
II	/	/	6 个月	1 年
III	3 年	4 年	6 年	8 年

4）初试申请的人员应当填写《特种设备无损检测人员考核初试申请表》，向承担相应级别考核的考委会提交申请。报考 I、II 级申请，经省级考委会初审，并报省级质量技术监督部门核准后，报考人员方可参加考核；报考 III 级申请，需由聘用单位所在地的省级质量技术监督部门签署意见，经全国考委会初审，并报国家质检总局核准后，报考人员方可参加考核。未通过核准的，全国考委会将及时以书面的形式通知报考人员。

5）报考 I、II 级的人员，应当参加其聘用单位所在地组织的考核。特殊情况，由报考人员申请，经其所在地的省级质量技术监督部门同意后，方可参加其他地区省级组织的考核。合格者，由负责组织考核的省级质量技术监督部门批准，报国家质检总局核准。

6）持证人员证件到期后，如继续从事持证项目的无损检测工作，应当在有效期满当年的 2 月底前，按要求向相应的考委会提出复试申请（年龄满 65 周岁以上者的申请，不再予以受理），经初审和核准后，方可参加复试。未通过核准的，考委会将及时以书面的形式通知报考人员。

特殊情况无法按时参加复试的人员，应当在证件有效期满当年 2 月底前，向实施考核的考委会提交延期复试申请，经发证机关核准同意后，办理证件有效期延期手续，但延期时间最多可批准 1 年（实际延长时间将在下个有效期内扣除）。逾期未参加复试或未获准延期复试人员，其证件在有效期满后自动失效。

2. 考核发证

1）各级考委会应当于每年的 2 月底前，将本年度的考核计划（初试和复试）予以公告，并报同级质量技术监督部门备案。省级年度考核计划还需抄送全国考委会。

2）报考 I、II 级的人员，应当参加笔试和实际操作考核，报考 III 级的人员，应当参加笔试、口试和实际操作考核，合格标准为 70 分（百分制）。

3）无损检测人员各种检测方法的具体考核内容，按照相应方法考核大纲的规定执行。考核大纲由全国考委会提出，国家质检总局批准执行。

4）考委会应当在每次考核结束后的 30 个工作日内，将考核结果上报同级质量技术监督部门，经审核同意后报发证机关核准。考委会按照公布的合格人员名单，将考核结果以书面的形式通知报考人员，并协助制作和寄发人员证。

5）无损检测初试、复试考核合格人员，将获得《特种设备检验检测人员证》，证件由国家质检总局统一制发。证件有效期 4 年，实行全国统一编号。

6）申请复试的 I 级人员，在参加指定内容的培训后，可直接换发人员证件；II 级（含）以上人员应当参加复试考核，一次复试未合格者，可再次参加复试考核，此期间，可从事所复试项目低一级别的无损检测工作；第二次复试仍不合格的人员，将不再被允许继续从事所复试级别项目的无损检测工作。但可通过省级质量技术监督部门向发证机关提出申请，直接取得所复试项目低一级别的人员证件。

7）报考人员对考试结果有异议时，应当以书面形式向发证机关提出申诉，发证机关按有关规定进行复议。

3. 管理

1）特种设备无损检测持证人员不得同时在两个以上单位中执业，且只能从事与其证书所注明的方法与级别相适应的无损检测工作，其中：I 级人员可在 II、III 级人员指导下进行无损检测操作，记录检测数据，整理检测资料；II 级人员可编制一般的无损检测程序，按照无损检测工艺规程或在 III 级人员指导下编写工艺卡，并按无损检测工艺独立进行检测操作，评定检测结果，签发检测报告；III 级人员可根据标准编制无损检测工艺，审核或签发检测报告，协调 II 级人员对检测结论的技术争议。

2）检测人员证被吊销的人员，发证机构 3 年内不再受理其报考申请。

3）持证人员变更受聘单位时，应当向发证机关申请换发证件。换发 I、II 级证的人员应当向新聘用单位所在地的省级质量技术监督部门提出书面申请，并提交受聘于新单位的有关劳动合同或受聘证明文件（跨省变更的还须有原省级质量技术监督部门签章），以及现所持有的证件（正、副本），由省级质量技术监督部门进行审核，报国家质检总局核准后，换发证件（正、副本）。换发 III 级证的人员，应当向全国考委会提出书面申请（需有原聘用单位及现受聘单位所在地省级质量技术监督部门的签章），并提交受聘于新单位的有关劳动合同或受聘证明文件，以及现所持有的 III 级证件（正、副本），由全国考委会报国家质检总局核准，换发证件（正、副本）。

4）证件遗失，由本人提出补证书面申请（应当有原证件注明聘用单位的确认签章），经发证机关核准后，补发证件。

练习与思考

1. 高职高专焊接专业的培养目标是什么？
2. 高职高专焊接专业对学生的规格要求是什么？
3. 高职高专焊接专业主要应开设哪些理论课程和实践环节？
4. 高职高专焊接专业的就业岗位群有哪些？
5. 锅炉压力容器和压力管道焊工理论和技能考试要求分别有哪些？
6. 船体结构焊工理论和技能考试要求分别有哪些？
7. 特种设备无损检测人员资格取证的申请资格有哪些要求？

参 考 文 献

[1] 何德福. 焊接与连接工程学导论 [M]. 上海：上海交通大学出版社，1998.

[2] 雷世明. 焊接方法及设备 [M]. 北京：机械工业出版社，2007.

[3] 中国机械工程学会焊接分会. 焊接手册：第一卷 [M]. 北京：机械工业出版社，2001.

[4] 陈淑慧. 焊接方法及设备 [M]. 北京：高等教育出版社，2009.

[5] 劳动和社会保障部教材办公室. 焊接工艺学. [M]. 3 版. 北京：中国劳动社会保障出版社，2005.

[6] 王宗杰. 焊接方法及设备 [M]. 北京：机械工业出版社，2007.

[7] 湖南省职业技术培训研究室. 高级焊工工艺与技能训练 [M]. 北京：中国劳动社会保障出版社，2007.

[8] 牟魁峰，徐文强. 焊接工艺 [M]. 北京：北京航空航天大学出版社，2007.

[9] 张连生. 金属材料焊接 [M]. 北京：机械工业出版社，2009.

[10] 吴树雄. 电焊条选用指南 [M]. 北京：化学工业出版社，2007.

[11] 杜国华. 实用工程材料焊接手册 [M]. 北京：机械工业出版社，2004.

[12] 史耀武. 中国材料工程大典：第22、23卷 材料焊接工程：上、下册 [M]. 北京：化学工业出版社，2006.

[13] 孙爱芳，吴金杰. 焊接结构制造 [M]. 北京：北京理工大学出版社，2007.

[14] 王云鹏. 焊接结构生产 [M]. 北京：机械工业出版社，2002.

[15] 邓洪军. 焊接结构生产 [M]. 北京：机械工业出版社，2004.

[16] 生利英. 焊接质量检测技术 [M]. 大连：大连理工大学出版社，2010.

[17] 徐卫东. 焊接检验与质量管理 [M]. 北京：机械工业出版社，2008.

[18] 赵熹华. 焊接检验 [M]. 北京：机械工业出版社，2003.

[19] 乌日根. 焊接质量检测 [M]. 北京：化学工业出版社，2009.

[20] 胡美些. 金属材料检测技术 [M]. 北京：机械工业出版社，2011.

[21] 陈祝年. 焊接工程师手册 [M]. 北京：机械工业出版社，2002.

[22] 北京市机械工业局技术开发研究所. 焊工安全操作必读 [M]. 北京：冶金工业出版社，2010.

[23] 吴金杰. 焊接工程师专业技能入门与精通 [M]. 北京：机械工业出版社，2009.

[24] 杨坤玉. 焊接方法与设备 [M]. 长沙：中南大学出版社. 2010.

[25] 曾乐. 现代焊接技术手册 [M]. 上海：上海科学技术出版社. 1993